JN256670

見落としがちな「犬との遊び」は
最大のトレーニング法だった！

遊びの機能

その1
体を鍛えるため

その2
社会性を培うため

その3
遊びの時に感じる
興奮がほしい！

その4
ただ単に、
遊びのための遊び、
面白いから！

遊び

皆さん、犬と遊びますか？　ここでは、皆さんにひたすら「犬と遊ぶ！」ということを学んでもらいます。かしこまる必要はありません。何かおもちゃを使って犬に技を披露させることでもないし、服従の強要もしません。純粋に遊ぶ！ということを学んでほしいのです。
そして大事なのは犬も人もいっしょに楽しむ！ということ。これなしに、遊びはありえません。「いっしょに」という感覚、これが大事です。そしてこの本のテーマでもあります。

さて、「犬との遊び」で皆さんは何を思い出しますか？　犬といえば、ボールと引っ張りっこ用のロープで遊ぶこと？　仲間とじゃれ合っているシーン？　いえ、それだけではないのですね。遊びの時に犬が感じる「興奮」や「感情の盛り上がり」もあります。

私は、「犬と遊ぶ」ということをトレーニングやしつけのツールとして使ってきました。それは、まさに「感情の盛り上がり」が、遊びを通して犬に与えられるからです。これって、気持ちのいい感情ですよね？　決して不快な感情ではないですよね？

犬は、犬同士でも遊ぶけれど、自分以外の種（つまり人とか）とも遊べるという、動物の世界でも非常に稀な種でもあります。これは犬のとても面白い特徴です。犬が他の動物と遊んでいるシーンは、インターネット上の動画などでも見ることができます。ホッキョクグマと犬が遊んでいるシーンは有名ですね。犬は、他の種と遊ぶことに関して、素晴らしい学習能力を持っています。オオカミが子オオカミと遊んでいるシーンなどを見るにつけ、オオカミと同じ起源をもつ犬という種は、同様に「遊ぶ」ということ自体に、非常な楽しみを見つけている動物であり、それ故に遊びのニーズを持つ動物だと思います。

そのニーズを満たすことも大切ですし、犬にとってもそれほど大事な遊びという行為ですから、これをトレーニングや愛犬との絆を深めるツールとして、みなさんにもぜひ「遊び」を取り入れてみては、というのが私の提案です。

そして本書では、多々ある遊びの機能の中でも、犬が持つ「単に楽しいから！」や「興奮がほしいから！」という感情を活かした「人と犬の遊び」に焦点をおきます。犬同士でもなく、あるいはおもちゃでの単独遊びでもありません。犬が人といっしょに遊ぶことは、私たちと犬が同時に楽しい感情をシェアできる方法でもあります。

というわけで、遊びについて「真面目」に語ってみようと思います。

イェシカ・オーベリー　*Jessica Åberg*

1972年生まれ。イェーテボリ、スウェーデン出身。スカンディナビア・ワーキングドッグ研究所所属、共同経営者、および講師、トレーナー。さらに、スウェーデン農業大学及びスウェーデン環境省の元で行われているスカンディナヴィアン・ヒグマ・プロジェクトにおいて、ヒグマ追跡犬のハンドラーおよび犬のコーチングを担当。犬と馬との生活は既に生まれた時から。ドッグ・トレーニングのキャリアは23年、馬術調教師20年のキャリアを持つ。馬術およびショージャンプのコンペティターとして培った知識を活かして、スウェーデン・ワーキングドッグ・クラブにてインストラクターとハンドラーのコーチを務めた。ワーキングドッグ・クラブではトラッキング、オビディエンス、サーチなど様々なドッグスポーツの競技会に出場し、優勝した実績を持つ。

1章 犬が人と遊ぶこと

2章 犬と「遊び」の関係

3章 たかがご褒美、されどご褒美

4章 ストレス、フラストレーション、期待感、集中力

5章 罰するトレーニング法とその科学的根拠

6章 犬の「学び」のメカニズム

1章 犬が人と遊ぶこと

スウェーデンで行われている「犬と遊ぶ」レッスンの様子をのぞいてみよう

私はスウェーデンの様々なドッグ・クラブやトレーニング・スクールを回り、「遊び」という素晴らしいツールの使い方についてのレッスンを開いています。そこでは、飼い主さんとその犬の遊びを診断しています。以下は、その様子です。みなさんも以下に写真で示す一連の遊びをまずは観察して、私のレッスンに参加してみてください。そしてこれから示す質問に、自分なりの答えをだしてみてください。

レッスンの進め方

まず、参加者たちには、他の参加者（とその犬）の遊びを観察してもらいます。私は、観察するポイントとして１０の質問をだします。のほほんと遊びを見るのではなく、与えられた観点を持って観察をしてみると、「たかが遊び」は意外にも次元が広いことに、参加者は気づくはずです。

遊びの診断では、私は何度か「おもちゃを投げて」と「おもちゃを犬の視界から隠してください」とお願いします。その時の犬の反応を見てみたいからです。皆さんも犬の反応を見て、どんな風に犬と飼い主が関係を培っているか、垣間みることができると思います。そして、犬からおもちゃを取ったら、「犬とまったく話さずに、どこか他の方向を見ておいてください」と伝えます。

10の観察ポイント

1. どのような遊びをしていましたか？
(例えば、狩猟の遊び、追いかけっこ、取っ組み合い、など)
2. 犬は、ママやパパと遊んでいましたか？
それとも、おもちゃと遊んでいましたか？
3. 犬は、遊びを楽しく思っていたでしょうか？
4. 遊びの間、人と犬がどこか対立したり、相いれない出来事はありましたか？
対立があるとしたら、一体それは何だったのでしょうか？
相いれない出来事とは、犬が人に対して？　それとも、人が犬に対して？
対立というのは、決してすごくネガティブな感情を示すとは限りません。
瞬間的に感じた不快感でもいいのです。
5. どうして犬はおもちゃを取ったきり、こちらに戻ってこないのでしょう？
6. 今後の犬との遊びで何か改善するとしたら、どのようにしますか？
7. 遊ぶおもちゃを、ポケットに入れて隠しました！
さて犬はどんな反応をしたでしょうか？
「ママ、おもちゃちょうだい！」と期待に満ちた目で見上げましたか？
それとも、まったく別のことをし始めましたか？
8. 今の皆さんの犬との遊びは、
犬にとって「ご褒美」の役目を果たすと思いますか？
9. どうして犬は、おもちゃを口からはなしてくれないのでしょうか？
10. 犬があなたと遊んでいる時、犬はどんな気持ちだったと思いますか？

これから、12組の飼い主と犬のセッションをお見せします。
それぞれ、どのような関係を築くことができているか、分析してみてください。

Session 1

飼い主Aさんとチベタン・スパニエルのチューバの場合

チューバは最初から遊びにとてもポジティブだ！

Aさんは体をかがめて、チューバに覆いかぶさるような状態になっているが、チューバはそれを威圧的に感じている様子もなく、気にせず楽しく遊ぶ。

Aさんは、詰め物のないフニャフニャの細長いぬいぐるみで、チューバの気持ちを引こうとした。チューバはチベタン・スパニエル。チューバがいったん咥えた際に、Aさんがおもちゃを動かす時の大きな動作は、とてもよい。 犬の遊びたい気持ちを上手にあおっている。

一通り噛ませて動かしたら、ポイと遠くへ投げた。するとすぐに追いかけた。この様子を見ると、チューバはおもちゃに対しても十分にポジティブな気持ちを抱いているのがわかる。こうして、犬の狩猟欲をあおる。

チューバは、おもちゃを追いかけて捕まえるという動作が大好きだ。捕まえたら、チューバはくるりと踵を返し、勢いよく、そしてほとんど自発的にAさんのところへ戻り、遊びを再開した。

ここで、Aさんに突然遊びを中断してもらって、犬とまったくコンタクトを取らずに、立ち尽くしてもらうようにした。さて、この時の犬の反応は？
チューバはじっと見つめて、Aさんにコンタクトを取り続けている。つまりチューバは、Aさんがまた動きを見せてくれるだろうなぁ、ということに期待している証拠でもある。

Session 2

飼い主Bさんとジャーマン・シェパードのオッシーの場合

Bさんとオッシーは、ボールにロープのついたおもちゃを使って遊び始めた。さて、オッシーのボディランゲージを見てほしい。何か気づくだろうか？　Bさんの勢いの方が、オッシーよりも強いぐらいだ。

おもちゃを投げると、オッシーは勢いよく飛び出した。しかし、周りをぐるぐる走り始め、Bさんのところにはしばらく戻って来ない。

「こっち！」と呼び戻しをした。しかし、オッシーはBさんを通り過ぎてしまった。さて、このペアの見せている仕草の全体像に何を感じるだろうか。ポジティブ？　ネガティブ？

Bさんは、オッシーに「おいで、おいで！」と呼びかけるが、オッシーはBさんの少し前でおもちゃを地面に落とした。

ここでオッシーは、Bさんを見ていない。おもちゃだけをじっと見ている。

また遊びを再開したが、やはり同じだ。オッシーはボールをキャッチすると、そのままグランドをぐるぐる走り回り始めた。

そして、Bさんのところまで完全に来ないで、少し前で止まり、ボールを落とした。

Bさんが遊びを中断し、ボールを体の後ろに隠した。さて、オッシーは何をしているだろうか？

2つのシーンを分析してみよう

さて、Aさんとチベタン・スパニエルのチューバ、そしてBさんとジャーマン・シェパード・ドッグのオッシーの遊びのシーンを観察しました。ここで、皆さんに先ほど観察の上でのチェック事項を質問してみます。

Q1　どのような遊びを行っていたか？

チューバもオッシーも狩猟欲からくる遊びを行っていました。おもちゃが「逃げる」と追いかけ、そして「捕らえます」。そして口でしっかりとつかみます。チューバは引っ張りっこもしました。

Q2　犬はママあるいはパパと遊んでいたのか？　あるいはおもちゃと遊んでいたのか？

チューバはおもちゃとも遊んでいたし、Aさんとも一緒に遊んでいました。相手あっての遊び、つまり「社会的な遊び」も行っていました。しかし、オッシーは、Bさんと遊んでいませんでしたね。オッシーの頭の中には、飼い主の像がありません。ひたすらおもちゃと遊ぼうとしました。

Q3. 犬は遊びを楽しく思っていただろうか？

犬は最後まで楽しそうにしていたでしょうか。それには、犬がしっかりとおもちゃをつかんでいたかなども、ひとつの指標となります。

しっかりつかんでいない場合の理由はたくさんあります。そのひとつとして、おもちゃを噛む感触があまり好きではなかったということもありますが、そのほか、噛んでいるけれどクチャクチャしているだけという場合には、遊びに熱中しながらも、犬の気持ちの中で何か気になることがあったり、軽度のストレスがあると考えられます。

チューバの場合は明らかに、楽しんでいたと言えるでしょう。

では、オッシーは？　飼い主と遊ぶことに、まったくポジティブな態度が見当たりません。遊びの最初の写真をチューバと比べてみるといいでしょう。Photo.b-1を見てください。Bさんは勢いよく遊びを始めたものの、オッシーのボディランゲージは、むしろ「しぶしぶ」。体も丸まっているし、耳も寝かされているし、全体的に「喜び」というものが感じられないのがわかりますか？　これは、写真すべてを通してオッシーのボディランゲージに観察することができます。ただし、一頭で走り回るシーンは楽しそうでしたが。

Q4. 遊びの間、一人と一頭の間に何か対立することや、相いれない状況はなかっただろうか？

Aさんとチューバの間は文句なしですね。チューバはあちこちにポジティブな態度を見せています。絶えずAさんとおもちゃ遊びを楽しもうとします。

Bさんとオッシーの間には、遊びの中で相いれない状況があちこちで観察できます。まず、引っ張りっこ遊びの時に見せるボディランゲージが、嬉しそうではないこと。そして、ボールを投げるとグルグル走り回り、チューバの時のように自発的には戻ってこない。戻って来ても、オッシーのボディランゲージは何と言っていましたか？　Photo.b-3では、オッシーは戻ってきたものの、Bさんを通り過ぎてしまいました。その後、photo.b-4では、Bさんのところに完全に戻らず、途中でボールを地面に置きました。再開した後も同じで、ボールを取ったままグラウンドをぐるぐる走り回りました。
遊びが思ったように機能しない場合、どこに対立があったのかを探ってみるのが大事です。犬がどんな風に遊んでいたか、その時に人は何をしていたのか、そういう観点の元で「遊び」を観察してみてください。

遊びがうまく機能しない理由で一番多いのが、犬と競合してしまうこと。あと、犬がちょっとした不快を感じるだけで、あまり物品に熱心にくいつかないこともあります。

例えば、引っ張りっこを長くやりすぎたなどもその要因です。引っ張りっこで、犬の尾が下がってきたら、引っ張りっこが長すぎるのかもしれません。尾が落ちているのを見たら、急いで物品を投げてみましょう。すると、とたんに尾がぱっと上がり、犬がまた明るくなるということはよくあります。

犬が飼い主と何かをすることを楽しんでいるかどうかは、「遊び」の中に見いだすことができます。果たして犬は、飼い主と遊んでいたか、自分でおもちゃとだけ遊んでいたか。例えば、ボールを投げた時は、それを追いかけて遊ぶけれど、では飼い主のところにやってきて、一緒に遊ぼうとするか？ それが大切です。

Q5. どうして犬はおもちゃを取ったきり、こちらに戻ってこないのだろう？

この問いに、Aさんとチューバの場合は答える必要がないでしょう。逆に、どうしてチューバは戻ってきたのでしょうか？ 服従訓練が入っているから？

チューバのポジティブな態度には、強要されてAさんの側にいるというボディランゲージはまったく見当たりません。そう、チューバは、おもちゃをめぐっての飼い主との遊びが面白いから、戻ってきました。「ねぇ、ママ、また遊ぼうよ！」。

おもちゃだけの遊びが面白ければ、戻る必要はないでしょう。その点、犬は非常にはっきりしています。

一方、既に **Photo.b-2~b-4 Photo.b-6~b-7** で見たように、オッシーはできるなら戻りたくなさそうです。なぜ戻りたくない？ 飼い主と一緒にボールで遊ぶことに、まったく居心地のよさを感じていないからです。**Photo.b-1** でも既にこのペアの関係が表れています。Bさんの動き方がそもそも、オッシーに圧迫感を感じさせています。そして、オッシーはボールを取られることをとても心配しているのが、この写真のネガティブなボディランゲージからわかります。**Photo.b-3** ではさらにそれが明らかです。ボールを渡したくないという気持ちがありあり出ています。photo.b-4とphoto.b-7で途中までしか来なかったのも、オッシーが自分でこのおもちゃを独占したいからだということは明らか。距離を開けていれば、自分のものになりますからね。

もちろん、Bさんはおもちゃを使ってオッシーと遊びたいと思っているだけで、オッシーほどおもちゃに固執しているはずがありません。しかし、オッシーはBさんのボディランゲージをそうとは読まず、ボールで遊べば必ず 口からおもちゃを取り上げようとすることを経験から学びました。そこでオッシーの結論は、「ママは、そんなにこのおもちゃが欲しいんだ！」。だからBさんとの間に競合を感じ始めるのです。「だれが側に行くものか、また取られちゃうだけだ」。

Q6. 今後の遊びで改善することは？

初めてのトレーニングでは、犬がおもちゃをつかんだら、すぐに手を放して犬に与えてしまうことです。最初の数回目のトレーニングにおいては、引っ張りっこ遊びを開始する必要はありません。それよりも、物品を追いかけ、つかんだ、というご褒美として、そのおもちゃを与える、と考えてみてください。犬にとって、おもちゃをそのまま所持できるのは、何よりものご褒美です。そして、ご褒美を与える基準も、徐々に高くしていきます。つまり、スピードがより速くなり、より熱心に追いかけたら、ご褒美、という具合です。トレーニングが順調に進みだしたら、犬が咥えているおもちゃを引っ張ってみてください。そしてどれだけしっかりと犬が噛んでいるか、確かめてみましょう。そのうち、噛みががもっとしっかりしてくるはずです。

Q7. おもちゃをポケットにいれて隠した！ さて犬はどう反応しただろうか

チューバではphoto.a-5、オッシーではphoto.b-8を見てください。明らかに差があります。チューバはAさんとまだコンタクトを取り続けています。

「もっと遊ぼうよ」という期待感に溢れていますね。オッシーは、Bさんが立ち尽くし、中立を装っても、相変わらず自分だけの世界にいて、まったく他のことをしています。Bさんに何の期待もしていないのがわかります。

Q8. 愛犬との遊び、これ、ご褒美として機能すると思う？

チューバはAさんとの遊びを「一緒にやること」としてとても楽しんでいます。だからご褒美として、十分機能します。しかしオッシーは実は、Bさんと遊ぶということに関しては、そんなに興味がありません（自分で遊ぶことには興味があっても）。だから、この時点でオッシーにとって飼い主との遊びは、ご褒美としては機能しません。

Q9. なぜ犬はおもちゃを口から離してくれなかったのだろうか？

口からおもちゃを離さない訳は、飼い主と競合状態にあること。つまり取られてしまうことに、あまりにも警戒しているのがその理由です。チューバに関しては写真には見せていませんが、飼い主に対して競合のための警戒心がないのは、彼女の明るいポジティブな態度を見れば明らかです。なので、「放して」というコマンドで、すぐにおもちゃを渡しました。
オッシーは、放しはしましたが、ご覧のとおり。まっすぐには飼い主のところに戻らず、自分がこのおもちゃを所有したいという意志も見せています。

Q10. 遊んでいる間の犬の感情は？

チューバは、「飼い主と遊ぶのは楽しい！」。
オッシーは、「飼い主とは遊ぶのは、不快感がある」。

1.「引っ張りっこ」ではなく、「つかみ合いっこ」をしよう

ここまでは、追いかけ、つかむ、ということしか犬に教えていません。まだゲームにはなっていないのです。次はいよいよ、引っ張りっこのゲームを教える段階となります。

追いかけ、つかまえ、そしていよいよ「引っ張りっこ」です。そして、犬におもちゃを与えて、勝たせてあげます。引っ張りっこと今まで記載していますが、引っ張りっこというのは、前につんのめり、後ろに引いて踏ん張る、という前後の動きを意味します。しかし、私が提唱する引っ張りっこ遊びでは、人は右に左に揺れるように動いてほしいのです。それも大きく動きます。

トレーナーによっては、最初からあまりにも、犬から取り返そうという力を発揮して引っ張りっこをするために、犬は「取られてしまうのではないか」とより競合心を燃やすようになります。

犬からしてみると、咥えているおもちゃに引っ張られるという力が少しでもかかると、それは「人間がおもちゃを取ろうとしている！」と解釈します。だからこそ、大きく左右に揺れながら人が動く方が、犬にとっては取られるという感覚が失せ、安心して遊びに集中できるというわけです。

引っ張りを感じると、まず「取られる」という焦りが、犬にでてきます。その焦りはいつしか「取られないぞ！」という競合の感情に変わっていきます。私たちが犬に経験して欲しいのは、「遊び」です。お互いが楽しい、面白いと思う感情です。取るか取られるかの衝突として犬にこのゲームを経験をして欲しくないのです。そう考えると、これは引っ張りっこゲームというよりも、「つかみ合いゲーム」と言い直した方が皆さんにはわかりやすいですね。

物品を差し出す時に、あまり低いところに置いていると、犬は、人ではなく物品にしか注意がいかなくなります。噛んでも、犬がくちゃくちゃ何度も噛まずに落ち着いてしっかり物品をつかんでいるようであれば、物品のつかみ合い遊びにもっと力を加えてもいいでしょう。

実は引っ張りっこというよりも、私は人は右に左に揺れるように動いてほしいのです。それも大きく動きます。

2. 犬と楽しく遊ぶポイントは、すぐにおもちゃを放して後退すること

もし犬が物品をつかんだまま、後ろに引っ張るような動作をしたと感じたら、その瞬間、手を放して犬に物品を渡してしまいましょう。そしてすかさず人は後退します。後退をしながら犬に「おいで」と声をかけて、こちらにやってくるように促します。そしてまた一緒に遊ぼう、と誘いだします。誘いだしながらも、ひたすら後退を続けてください。おもちゃに紐が付いている場合も同じように遊びます。後退をすることで、人は犬に脅威のサインを出さないで済みます。あまりにも犬に覆いかぶさるように前かがみに立っていたり、あるいは犬の前に向かって行くと、犬は脅威を感じ始めます。なので私たちは、できるだけ背中をきちっとまっすぐに保持するように心がけます。

犬が向かってきたら、またつかみ合いっこをします。しかしほんの2、3秒で放しましょう。こうしてつかませては、すぐにパッと放し、後退することを繰り返していると、犬がこちらへ戻って来る速度が、どんどん速くなっていきます。

こんなふうに犬とおもちゃ遊びをすることで、「このゲームはね、あなたと一緒に遊びたいからやっているんだよ！」というメッセージを犬にはっきりと伝えることができると思うのです。競合ではなく、協調の遊びです。

以上のトレーニングを続けていると、飼い主と《一緒に》遊ぶことに、犬はますます自信をつけてくるはずです。そうなれば、短い時間内にとこだわらず、もっと長い間もっと強烈に、つかみ合いゲームを行っても大丈夫です。トレーニングの初めの頃であれば、物品を取らせる時に、犬にこちらに向かって思いっきりジャンプさせても構いません。とにかく最初は楽しく、面白くゲームをし、自信をつけさせてあげること！　退屈なルールは犬があなたとの遊びに面白さをすっかり覚えてた後から教えれば十分です。

「つかみ合いっこ」ゲームの教え方

Step.1
犬がなかなかおもちゃに興味を示さない場合は、おもちゃに紐を結びつけ、長くしてみるのもひとつの方法です。すると、人との距離が空くので、犬はより遠慮しないで、おもちゃに食らいつくことができます。

Step.2
「ちゃんと噛みついたね！　じゃあ、取っちゃっていいよ！」。
最初の数回目のトレーニングにおいては、「つかみ合いっこ」遊びを開始する必要はありません。それよりも、物品を追いかけ、つかんだ、という行動を褒めてあげましょう。そのご褒美として、おもちゃを与えるのです。

Step.3
犬がコンスタントに、追いかけ、つかむ、という行動を見せるようになったら、いよいよ「つかみ合い」を遊びの中に組み入れましょう。まず、犬の正面を向いて、片手ではなく**"両手で"**おもちゃを左右に揺らします。

片手で引っ張りっこをしていると、犬は正面ではなく人間のサイドに回ってしまいます。すると、おもちゃを介した人間と犬は前後の動き、すなわち引っ張りっこ状態になりやすいのです。それから、人間の正面にいないことで、おもちゃだけに気持ちを集中し始めてしまいます。
ここでは、おもちゃで遊ぶのはあくまでも協調心を培うためです。それには犬が飼い主と遊んでいるという感覚をもってくれないと！　つまりおもちゃと遊んでいるのではなく、飼い主と遊んでいる感覚。そんなふうに遊びに社交性を持たせるには、物品を両手で持つ方がよいのです。両手であれば、犬が人の前にきちんと来ます。すると犬は、飼い主と何かをしているという気持ちになるでしょう。

Step.4
大きく左右に揺れながら、犬と「つかみ合いっこ」を続けます。あまり長い間行わないことが大切です。長くなってしまうと「ママはそんなにしてまでおもちゃを取ろうとするのか！」という警戒心を犬に与えてしまい、飼い主と犬との遊びは単なるおもちゃの奪いっこという競争にしかならなくなってしまうのです。なぜ大きく揺れる必要があるのか。それは、口におもちゃを咥えている時に、細かい動きでグイッグイッと引っ張られる感触は、犬にとっては取られるんじゃないかという恐れを抱かせてしまうからです。

Step.5
犬が物品をつかんだまま、後ろに引っ張るような動作を感じたら、その瞬間…。

Step.6
すかさず手を放して、犬に物品を渡し、後退します。

Step.7
すると喜んで走ってきました。犬を呼び入れる場合、体が犬に覆いかぶさり、脅威感を与えないようにします。しゃがんでいても、できるだけ体を仰け反らし、脅威を緩和しましょう。飼い主Aさんは、チューバが戻って来やすいよう、しゃがみながらも体を横に引いて、圧迫感を与えないようにしています。その後も遊びを続けますが、つかんでは放す、つかんでは放すを繰り返しましょう。これが、トレーニングの初期での方法です。

3.遊びで犬に勝つチャンスをあげないと、どうなる?

犬のトレーニング界では、引っ張りっこ遊びをする際に、その遊び方次第で人間のリーダーシップが損なわれる、犬を権勢症候群にするなどといった意見が、長らく飛び交っています。

特に、引っ張りっこ遊びで犬を勝たせ、人間からおもちゃを持って行かせると、犬は人をリーダーとして認めなくなり、問題犬となるリスクがある、というのは、皆さんもどこかで聞いたことがあるはずです。そして犬種によっては、引っ張りっこ遊びは特に危険、やめたほうがいい、とも言われています。

皮肉なことに、特にそのリスクが高いと言われている犬種というのは、すなわち一番闘争欲に溢れている犬であり、逆にその部分を満たしてあげる必要があるのです。引っ張りっこで遊ばせてもらう機会がなければ、他のことでその闘争欲を満たそうとするでしょう。そして、これこそが、問題行動そのものになっているケースが多いのです。

もともと闘争欲が強い犬の欲求を満たすためには、人間が計画立てて、状況をきちんとコントロールした上ではけ口の機会を作る必要があります。犬にリーダーシップが奪われるという主張に関して、私は何をもってリーダーシップの欠如と彼らが意味をしているのか実は確かではありません。しかし、少なくとも私の経験では、引っ張りっこ遊びで犬に勝たせたとしても、私の"リーダー"としての役割には何ら影響をもたらしたことがありません。リーダーという言葉に抵抗があるのなら、ガイド役と言ってもいいし、自分で好きなように呼び方を選べばいいでしょう。

4. 遊びで犬が勝っても、人と犬とのリーダーシップには影響しない

それよりも、引っ張りっこ遊びで、私たちが一切犬に勝たせてあげるチャンスを与えなかったらどうなるのか、この影響の方を考えてみませんか。もし、引っ張りっこをトレーニングの強化子として使うのであれば、犬に一切勝たせることなくこの遊びを続けるのは、まったく効果がなく、犬にとっても非常に退屈なご褒美といえるでしょう。むしろ、犬にまったく勝たせないというのは、何よりも飼い主と犬との関係をネガティブにしてしまうだけでなく、犬の自信をも奪ってしまいます。

これは私が自分の経験だけから述べているのではなく、実際にそういう研究もあり、私の意見と同じことを結論づけていました。マグフォード氏は1995年に、飼い主に向けて攻撃行動を見せるという傾向性が、特にゴールデン・レトリーバーでは強いという研究を発表しました。それを受けて、Rooney氏が1999年に、またRooney&Bradway氏らが2002年に、イギリスでいくつかの実験を行いました。犬と引っ張りっこ遊びをすることで、犬と飼い主との関係にどのような影響を与えるかが、研究の主題です。この実験には、14頭のゴールデン・レトリーバーと13頭のラブラドール・レトリーバーが参加しました。その実験の結果、引っ張りっこ遊びにおいて、人と犬のどちらが勝とうと、それが犬の権勢症候群や人に対する攻撃性にまったく関係ないことがわかりました。20回の引っ張りっこ遊びで犬に20回勝たせた場合、20回の引っ張りっこ遊びで20回人が勝った場合（つまり犬が負ける）、まったく何の違いも見られなかったのです。

5. 勝つ遊び、負ける遊びで得られる、ふたつの副産物

この研究では、ふたつの非常に興味深い実験による「副産物」が発見されました。引っ張りっこ遊びの実験が始まる前と、実験を終えた後とで、日常のトレーニングの技をパフォーマンスしてもらいました。「スワレ」「フセ」「立て」というコマンドを与え、従順性がどれほどあるか、スコアによって評価をしました。それによると、犬は遊んでもらった後の方が遊んでもらう前よりも、よくコマンドに従うという結果になりました。ただし、遊びによって人と犬との関係がより強くなったためにスコアがよくなったのか、あるいは単に遊んだというのがそれなりの影響を犬に残したためなのかは、この研究では明らかにされてはいません。

実験が犬に与えたもうひとつの影響というのが、これまた非常に興味深いものでした。犬が引っ張りっこゲームに負け続けていると、彼らはすぐに遊びに飽きてしまうということ。自分から行動を起こさず受身的になるだけでなく、人にあまり注意を向けることもなく、他の方向に気を取られていたのです。しかし、引っ張りっこ遊びゲームで毎回勝ち続けていた場合、犬たちはよりアクティブに人とコンタクトを取ろうとし、自分から遊びに誘おうとしました。

犬のみならずサルの実験でも同じ結果を見せています。Biben氏の1989年の研究によると、リスザルというのは自分の負ける確率が60%以上である場合、相手と取っ組み合い遊びをしなかったのです。また、Panksepp氏らの1984年の研究より、ラット（実験用ねずみ）についても、遊びの勝ち負けの可能性を推測するという方向がなされました。Calacagnetti & Schechter氏ら（1992年）によると、特に勝つとわかっている場合、その傾向が著しいとのこと。

20回立て続けに引っ張りっこ遊びで勝った犬の方が、負け続けている場合より、人とコンタクトを取ろうとし、よりゲームに興味を持つようになったのは、ラットやリスザルの研究で示されたように、勝つ確率が高いという

ことを学習すれば、ポジティブな期待感が作り上げられるという理由によるでしょう。よって、ただ無頓着に遊べばいいというものでもなく、どんなふうに遊びが行われるかによって、それがいかに犬に大きな影響を与えるかというのは、トレーナーとして、そして「遊びをご褒美として使いたい」という人にとっては、大事な大事な知識ではないかと思うのです。

6. 犬は、犬同士の遊びと、人との遊びを使い分けている

Roony氏とBradshow氏が2000年に、犬は果たして犬同士で遊ぶ時と、人間と遊ぶ時と、動機は同じものなのだろうかという研究を発表しています。その結果、犬は明らかに人間と遊ぶ時と犬同士で遊ぶ時とを分けて考えているようです。

まず、多頭飼いをしている飼い主と単独飼いをしている飼い主の間で、犬と一緒に遊ぶ頻度に違いがあるのかを調べました。すると両者で、実はほとんど変わりがないか、あるいは、むしろ多頭飼いの飼い主の方が犬と遊ぶ頻度が多かったのです。多頭飼いをしていれば、犬はきっと他の犬と遊ぶ方が楽しくて、あまり飼い主と交わらないと思いきや、そうでもないのです。

次に、おもちゃを使って、犬同士の遊びと犬と人の遊びを比較しました。すると、犬同士で遊んでいる時は、おもちゃをなかなか放そうとしませんが、人と遊んでいる時であれば、よりおもちゃを人間の方に持って来たり、口から放したりする傾向が見られたのです。そう、犬同士でいる時は、まさかそんな寛容なことはしない！

また、おもちゃがふたつある場合、犬同士で遊んでいる時は、もうひとつのおもちゃにあまり関心を持たなかったのですが、人間と遊ぶ時はもうひとつのおもちゃにも興味を見せました。ここから言えることは、犬同士の遊びのときは、相手との競争という面がメインになって、それが遊びという行動として表れます。つまりどっちが所有できるのか、力くらべとしての遊びな

のです。しかし、犬が人と遊ぼうとする時は、単純に人と関わりたいからなのです。

したがって、犬と遊ぶ時に、人はわざわざ犬のフリをして、どちらがボスかなどと張り合いを考える必要はありません。ちゃんと犬はその辺を心得ています。人間は人間らしく、犬と遊んであげるべきです。

また、犬と人では体のつくりが根本的に違います。だから動きも違うのです。無理して犬の真似をしようなどと考えなくても、人間風の遊びで犬が何をもって不快に感じるかをきちんと把握していれば、犬は人との遊びをとことん楽しむことができるのです。

7. 犬が本当に遊びを楽しんでいるかを、判断するしぐさとは?

たいていの犬は、おもちゃで遊ぶのが大好きです。それ故に、おもちゃ遊びの中に実はストレスがあったり、飼い主との衝突を感じていたりしても、犬の情熱だけを見ている飼い主にとって、それがうまく隠されていて、わからない時があります。

例えば、遊んでいる途中の飼い主のこの動作が、どうも好きではないと犬が思っている場合があります。口にしたおもちゃを引っ張られる感覚がイヤだ、とか、遊んでいる途中に体をパンパンと叩かれることがストレスに感じる、あるいは、あなたの姿勢に脅威を感じていたり、動きに時々ひやっとしたり…。

今まで使っていたおもちゃを別のものに取り替えてみたり、今までと違った動きを加えるなど、ゲームのパターンを変える際は、犬の反応をよく観察してみてください。クチャクチャと物品を噛むようになった、などの反応は要注意です。耳の位置、尾の位置、それから人との距離間、物品へ食らいつく意欲などの変化にも要注意です。犬は何か飼い主と「衝突」を感じたり(うまくいっていないよなぁ、というフィーリング)、不安定さを感じたりしていると、以上のような点で変化を見せます。

8. 遊びで、犬が不快に思うしぐさが見えたら?

実際、犬と遊んでいる間は、お互いが熱中していることもあって、よほど明らかに犬に示されていない限り、飼い主は、犬の「なんかイヤだなぁ～」という反応を見逃していたり、気がついていなかったりすることが多いのです。ゲーム中に感じるフラストレーションや、「ちょっとこれはしんどいなぁ」という気持ちは、どこかに隠れて表現されているかもしれません。気をつけて見ていて、もし犬の行動の変化に気がついたら、ゲームの何を自分が変えてしまった可能性があるのか、別の方法で試したらどう行動に変化が現れたかなど、自分なりの分析を試みるといいでしょう。

しかし実は、犬がイヤがる行動の中でも、物品をこちら側に引っ張る、あるいは遊びの最中に犬の体をポンポンと叩く、アイコンタクトを取る、というのは、ある意味いくつかの利点があります。犬にとってはややプレッシャーがかかる経験ではありますが、逆に犬は「このやろう！やる気か！」と強烈にゲームに集中するのです。ですから、これらのジェスチャー（引っ張る、叩く、目を合わせる）を、ゲームのひとつとして認識し、逆に遊びの合図として犬に理解してもらえるよう、なんとか信頼を勝ち得る必要があります。

そのためには、その他の犬がイヤがると思うことを、できるだけゲーム中では避けるべきです。例えば、普段は喜ぶことも、特に熱中して遊んでいる時はイヤがるということもあります。例えば、撫でられること。引っ張りっこ遊びをしている時など、犬は撫でられるのを嫌がります。

9. 遊びをご褒美として使いたい人は、こんなしぐさに注意して！

後々、遊びをトレーニングのご褒美として使うのであれば、以下の点に留意しておいてください。犬の期待感というのは、おもちゃだけではないのです。おもちゃと遊びに伴う、あの嬉しさと興奮という気持ちの盛り上がりも、モチベーションの要素に含まれています。ですから、もし遊びの中に犬が「楽しいけれど、どこか不愉快」という気持ちを抱えていたら、それも当然、トレーニングのモチベーションやパフォーマンスに影響を与えてしまうでしょう。

それから、犬が、パフォーマンス中にピーピー鳴いたり、動作が緩慢になったり、クチャクチャと物品を噛んだりすることもあります。これは、明らかに犬のフラストレーションの表れです。こちらが良かれと思っていた「ご褒美の遊び」が、あまり効果を発揮していないのかもしれません。遊びの中のどこが犬に不快感を与えていたのか、もう一度見直し、改め、より犬が楽しく遊べるよう、遊びの仕方を変える必要があります。それが完成してから、遊びをご褒美として使うことです。

毎回同じおもちゃを使うのではなく、時には新しいものを与えてみる。犬だって、やっぱり遊びにバリエーションがほしい。ただし、本当にそのおもちゃが好きかどうか、他のおもちゃと比べて時にはテストしてみよう。チベタン・スパニエルのチューバは黄色いフニャフニャとしたおもちゃと、紫の噛みごたえのいいかためのぬいぐるみを呈示されたが、紫のおもちゃにはややとまどいを感じている様子がわかる。（写真上）すぐにくらいつかないで、前脚でたたいてみる。一方、黄色いおもちゃは大好きと見えて、すぐにくらいついた！（写真下）

「おもちゃを放す」ことの教え方

以上のトレーニングを積み、犬が、ハンドラーに警戒心も不快感も抱かず、安心して遊ぶことを学び始めたら、物品を「放せ」というコマンドを教えるのは、さほどむずかしくないはずです。ここまでのトレーニングの中で、犬はあなたと協調しながら遊ぶということを学んできました。どうやっておもちゃで飼い主と遊ぶべきなのか、自分はどうやって振舞うべきなのか、飼い主はどんな風に反応を返してくるのか、すべて犬は学習しており、その経験から得たことに安心を感じているはずです。つまり、おもちゃを咥えたら、背を向けて走り去るよりも、飼い主に向かって走って行くほうがどんなに楽しく遊びが再開されるのかを知っているのですから、「おもちゃを取られる」という懐疑心も持たず、安心して飼い主のところにやってくるでしょう。

最初から、あまりにも物品を放してもらうことに重点をおいて遊んでいると、そのうち、飼い主との遊び自体をそれほど楽しまない犬になってしまう。そのかわり、自分でおもちゃを所有しようとし、こちらに戻って来なくなるという問題に！

犬がなかなか物品をこちらに渡してくれないという問題は、犬が飼い主との間に衝突を経験している証拠です。これは、必ずしも人が犬に対して意図的にひどい扱いをしたとか、罰したわけではありません。単に犬からしてみれば、物品を人に渡す行為自体が不明で、それをしっかりと理解していないのかもしれません。しかし、たいてい原因は、遊び方のどこかに問題があって、犬に警戒心を与えてしまっているためのようです。例えば、人がおもちゃを渡してもらおうと手を差し出した時に、その状態全体に対して、犬が不安感を抱いてしまったのかもしれません。これは、犬が放す段階になって、犬が物品をクチャクチャ噛む行動からも推し量れます。犬は、ストレスを感じると、クチャクチャ噛み始めるもので、人に近づくにつれて、いよいよクチャクチャの頻度が高くなります。

これら問題が生じていれば、最初からおもちゃ遊びのトレーニングをやり直すことでしょう。始めのステップに戻り、犬に一瞬噛ませては、すぐにおもちゃを犬に放し、後ずさりします。それも、あまり勢いをつけないで、ゆっくりと落ち着いて遊んでみましょう。遊んでいる途中に、一瞬止まり、犬がこの時どんな反応を見せるのか、ちょっと観察をしてみてください。もし、犬がそこでまだおもちゃに噛み付いたまま引っ張り続けていれば、一方の手でおもちゃをそっとつかみ、もう片方の手を犬の顎の下におきます（あるいはそっと顎の下の首輪をつかみます）。たいていの犬はこれで物品を放すはずです。あるいは、少なくとも動きを止めるものです。この時、物品をそっと握るのが大事です。決して、力任せに犬の口から引っ張りださないこと。さもないと、犬は「僕からおもちゃを取り上げる気なんだ！」と警戒心をまた持ってしまいます。口から物品を取り出す時、同時に「放せ」とコマンドをいれます。それでもまだ犬が抵抗しており、放す様子を見せないようであれば、「スワレ」あるいは「フセ」をさせるとよいでしょう。その時に犬がちょっとでも口から放す仕種を見せたら、取り上げずに、すぐに犬へ戻してあげます。ここで犬に伝えたいのは「放してごらん、絶対に取り上げないから！」という安心感です。これを伝えるには、少々オーバーにジェスチャーしなければいけないでしょう。だから、犬が口を緩めておもちゃを放したとたんに、すぐに返してあげる必要があるのです。

これを何度か繰り返し、あなたも犬も自信がついたところで、少しだけ遊びのテンションを上げて、犬に放させては、戻し、そして後ずさりをする、というトレーニングを続けて行きます。このようなトレーニングを通して、犬は「すぐに放せば、またすぐに戻してもらえるんだ！」と学習を始めます。そうこうしているうちに、おもちゃを放すことへの警戒心が徐々に薄らいきて、飼い主とのやりとりに関しても「しんど〜い！」と感じることがなくなっていくはずです。

さて、「犬と遊ぶ」レッスンの様子に戻りましょう。ここでは、すでに完成している飼い主と犬との関係を、おもちゃ遊びのシーンをお見せします。いかに、この本で今まで指摘した点をすべて満たしているかが、理解できます。

Session 3

飼い主Cさんとフラット・コーテッド・レトリーバーのニッセの場合

Cさんとニッセはとても楽しそう。このペアは、とてもよい協調状態を見せている。ニッセの目は、Cさんの顔に向けられている。尾がパタパタと振られ、飼い主のしていることに、とても集中をしている。犬の期待感はとても高い！

Cさんは犬を正面に構え、右に左に大きく揺れながら動いて引っ張りっこ遊び！
　犬がしっかりとおもちゃをつかんでいることにも注目。

ボールを投げると、戻って来る。協調して遊んでいる時の正しい態度。このペアは、お互いに信頼しているために自信もある。だから飼い主が体を前かがみにしても、犬は一向に気にならず走って向かってくる。

やって来た時にCさんの足の間に入ったのは、ここに心地よさを感じているから。一瞬落ち着きを見せたのは、心地よさの表れ。どこに行こうというわけでもない。
飼い主は、犬に触って接触をはかるが、犬は一向に構わず。この接触はここでは遊びを促している。そして、一緒にいる時間を楽しんでいる。遊びも、トレーニングも、必ずしも「いつもこれをやること！」リストに溢れているわけではない。こうして、十分に感情のつながりを感じるのが大事！
このペアは、完全に信頼と自信の協調関係にあるために、こんな風に振る舞える。あなたと犬が遊びをしたら、どんな連続写真になるか、比較してみよう。フラット・コーテッド・レトリーバーという犬種だからこう遊ぶ、というよりも、この情景はすべてこの一頭と一人の関係を物語っている。

また引っ張りっこ遊びに戻る。そして飼い主に飛びかかり大胆さを見せるのも、やはりこのペアの関係を物語る。この犬のしぐさからは、「ちょっとイヤだな」感がまったく見られない。完全に信頼して、遊びを楽しんでいる。そして、ボールを投げれば、必ず戻り、そして引っ張りっこ遊びをするという、同じ楽しさをずっと保ち、協調の態度を絶えず見せてくれる。

しばらく引っ張りっこ遊びをして、投げる。すると、まっしぐらにCさんのところに戻るニッセ。

ボールを拾った後も、決してポジティブな態度を崩さない。

ひたすらCさんの目をみつめる態度に注目！　遊びはこうでなくちゃ！　ニッセの遊びは、完全にCさんあってのもの。ニッセとおもちゃの遊びではないのだ。Cさんは、ニッセにアプローチする際には、後退をして、ニッセの気持ちを和らげる。

遊びが終わっても、ニッセの目線は、Cさんにずっとフォーカスしたまま。気持ちは相変わらず楽しそうなニッセ！

10. 遊び中に犬が人に飛びつくのは、いい関係である証拠

遊びの中で犬が人に飛びついてきても、これをタブー視することはありません。一緒に遊んでいる間の犬の信頼（つまり普段はこういうことをしちゃいけないと教えられているのだけど、遊びの時には完全に信頼をしているという証拠）の表れです。犬が飛びついてきたら、飼い主は犬の頭を触り、接触を続けます。こんなふうに触られても、犬が全然不快を感じることなく、楽しい感情を持って遊びを続ければ、信頼や自信、そして関係がみごとにうまくいっている証拠です。犬があえて、こんなふうに飼い主に飛びつくのも大事です。こうして、犬は飼い主に対して、ポジティブな印象を持つことができるからです。それに、何しろ遊びの時に、犬が飛びつきたいと思っているから飛びついているのです（逆に飛びつきたくもないのに、無理やり飛びつかせる必要はありません）。

犬が自然体であることが許されている。遊びを通して、自信と信用を得てくるから、最初、飛びついたりしなかったのに、そのうち、あえてこういうことができるようになったのです。

11. 人に飛びつくことは、順位とはまったく関係がない

犬が人に飛びつくことは、順位とはまったく関係がありません。これは社会的な遊び（相手あっての遊び）であり、犬があえて飛びついてきているのです。さらにその飛びつくという行為を人が許しているなら、ボールを投げた時に、犬がこちらにやってくる確率がより高くなります。

単なる「狩猟ごっこ」には、物品を追いかけるだけで、社会的遊びは含まれて

いません。しかし、犬は引っ張るだけでなく、体当たりで人に接触しようともします。物品を使っていても、これだけ体の接触のある遊びができているということです。まさに社会的遊びを犬も人もきちんと行っているよい例です。

物品と遊びを介して、人と犬は社会的遊びを実現することができるし、これによって犬と飼い主の協調性が高まります。故に、社会性のある遊びの中から、関係を培うことができるわけです。

愛犬であるボーダー・コリーのディープが私とおもちゃで遊んでいる時も、やはりこんなふうに体をぶつけてくる。犬が人との関係に満足して、一緒に遊ぶことの楽しさを感じていると、人に向かって飛びついてくるのだ。

体ごとの取っ組み合いがあったにも関わらず、ほら、相変わらずディープの態度はポジティブ。体は前向きで、私のところに来ようとしている。そこから逃げ出そうという様子はない。私はここで後退をしている。注目すべきは、犬は飼い主を見上げているということ。つまりコンタクトが取れている。ボールだけにフォーカスしているだけではないのがわかるだろうか。つまり、遊びはちゃんと社会的遊びになっているのだ。

トラブルシューティング

遊びがうまくいかない問題がどこにあるのか、犬のボディランゲージに答えを探る

再び「犬と遊ぶ」レッスンの様子をのぞいてみましょう。ここで、犬との遊びがうまくいかない例を6つ紹介します。あくまでも、皆さんが問題に直面した時に犬のボディランゲージと己の振る舞い方のどこに目をつけるべきなのかの参考としてご覧ください。

犬との遊びがうまくいかない理由のナンバーワンは、犬が飼い主との引っ張り合いっこを「奪い合い競争」と真面目にとらえてしまうことです。どうして犬は、協調する遊びと考えずに、奪い合い競争としてとらえてしまうのでしょうか。 遊びの途中で、ところどころに見せている犬たちの「しぐさ」から感情を探ると、その理解が得られやすくなります。

いずれのケースでも、犬が警戒心を持っているという点では共通しているのですが、どのようにその警戒心を見せているのかは、犬の個性や飼い主の遊び方の微妙なスタイルの違いによって異なっています。各ペアで、遊びがうまくいかない原因を探り、さらにはその解決方法を見ていきましょう。

Session 4

飼い主Dさんとジャーマン・シェパード・ドッグの
ヒューゴの場合

先ほどのフラット・コーテッド・レトリーバーのニッセとは、犬生に対する態度が異なるジャーマン・シェパード・ドッグのヒューゴ。物品を見せると、さっそく「遊ぼう！」とDさんに向かって行った。尾が高々と上がっているのは、支配性という意味ではなく、物事にとてもポジティブに接しているという証拠。この通り、遊びの始まりにおいては、ヒューゴは自信に満ちて明るかったのだが…。

いったんDさんが物品を取ろうとすると、このようにヒューゴの態度が一変した。尾も下がってしまった。ボディランゲージも「う～ん、そんなにこれは嬉しくないのだけど！しんどいなぁ」。体もやや丸まっているし、耳も後ろにいっている。
「僕の欲しいおもちゃを取ってしまうの？」。

解決策として、Dさんは遊び方を少し変えた。以前よりも、最初からもっと動きをつけながら、遊びを開始することにした。そして遊びの間、できるだけ背筋を伸ばすように努めた。

犬に向かっておもちゃを取り上げるよりも、犬におもちゃを渡したらすかさず後退、そして視線を外すことで、ヒューゴは以前よりももっと積極的にDさんへ走って行くようになった。Photo.d-2とのボディランゲージの違いに注目！

Session 5

飼い主Eさんとボクサーのミロの場合

Eさんもミロも遊びのスタート時点では、お互いにとても楽しそうなのだが…。

ミロは「そんなにこのおもちゃを僕からとりたいのかい！」と、奪い合いモードに入り始めた。取られまい！という気持ちが強くなると、こんなふうに犬は体を低くして、おもちゃを引っ張り始める。もはや、協調性のある遊びではなく、単なる競争になっている。誰が取るか、取られるか。このようにに犬が感じてしまうのは、今までの遊び方で、飼い主が絶えずおもちゃを犬から取り上げていたからだ。犬の頭の中には、この物品をシェアして遊ぼうという概念がまったく培われていない。したがって、遊びは社会的なものになっていない。社会的遊びにおいては、物品はあくまでも一緒に遊ぶためのツールである。

Eさんがおもちゃを持ったまま動作を止めると、ミロの視点はどこに？　そう、おもちゃに！　つまり、飼い主へのコンタクトはなし。ひたすら物品だけで遊んでいる証拠！

そしておもちゃが投げられると、「何がなんでも取ってやる！」といわんばかり。飼い主と遊びたいがために急いでいるのではなく、おもちゃを奪い返そうという感情。それは次の写真で見せる行動でも明らか。

いったんおもちゃを取ると、飼い主のところには戻らず、そこでおもちゃの所有権を主張すべく、止まり、そしてクチャクチャと噛み始めた。

シェパードのオッシーと同様、ひとりでおもちゃ遊びを始めた！　飼い主なんていなくても、自分ひとりで十分楽しい！というのがその心情。（この写真でも、飼い主の方を見ていない。フラット・コーテッド・レトリーバーのニッセと比較してみよう）

解決策としてEさんは、背筋を伸ばして引っ張りっこ遊びをするようにしてみた。そしてミロに「これは奪い合いではない」と理解させるために、あまり長い間、引っ張り合いっこをするのをやめた。引っ張り合いが長ければ長いほど、犬の印象は「ママ、そんなに、このおもちゃがほしいんだ！」になる。
ちょっとかじらせては、すぐに手を放し、「こっちに戻ってきたら、また楽しい遊びが再開されるよ」と遊びにおける人との交流の部分をなんとか理解させる必要がある。

おもちゃを投げる時、最初はそんなに遠くに投げる必要はない。遠くに投げると、犬とのコンタクトを失いやすくなるからだ。ポンと2m先に投げるぐらいで十分！

Session 6

飼い主Fさんとマリノアのレイラの場合

レイラは、そもそも遊びを始めようとする時から、実はあまりポジティブなボディランゲージを見せていなかった。ただし、いざ引っ張り合いが始まり、それをしばらく続けていると「絶対にとってやる！」と物品の所有欲が非常に高くなってくるのだ。この写真のレイラの低い姿勢からもわかるだろう。

おもちゃを放した。その時のレイラのボディランゲージを見てみよう。体が全体的に硬いのは、犬は引っ張り合いっこを遊びではなく「奪い合い」と勘違いをしている証拠。しかも、奪い合いというFさんとの競合関係を、レイラ自身は実はそんなに嬉しく思っていない。それが故のレイラのこのボディランゲージ。

Fさんはレイラがおもちゃだけに集中しないよう、もっと自分に近づいて物品を取れるように、遊びに誘ってみた。しかしレイラのおもちゃに対する見地はあくまでも「奪い合いになるほど、価値の高いもの」。だから逆に相手が既に所有している場合、犬は犬らしい礼儀正しさから、自分がそこまで入り込んで取りさらうことに少し躊躇を感じているのだ。ボーダー・コリーのティープが行ったような、飼い主に向かって飛びかかり遊びを楽しむという心の余裕は持てない。レイラの脚は、相変わらずしっかりと地面についたまま。

物品を投げると、勢いよく飛び出して…。

「獲物」を捕まえるのだが…。

いざ、Fさんに渡しに行こうとすると、とたんに動作は緩慢になり、それほどポジティブにFさんの前に行こうとはしない。あの引っ張りっこ遊びが、気持ちの中で少々しんどいのである。ミロのように走りまわりはせず、Fさんからちょっと離れた地面におもちゃを置いた。
そして、「これは僕のおもちゃなんだから」と主張を始めた。こうなるとやっぱり遊びは社会的ではなくなってしまう。

犬の正面で遊びに誘うと、少しはレイラも前向きな気持ちになって、耳が上がった。しかし、どちらかというと尾はまだ下がっているし、不安。そして体も硬い。

どうもレイラは、引っ張りっこをとてもしんどく感じてしまうのだ。これでは遊びがなかなかポジティブにならない（一頭の時は楽しいのだけど）。
そこでおもちゃを、ボールに変えてみたらどうなるか、やってみた。
するとレイラは、一気にボディランゲージを変えた。耳はピンと立ち、尾も立っている。以前より数段前向きな態度を見せた。
Fさんは、一緒に遊ぶことについて、これ以上ネガティブな印象をレイラに与えたくないので、ボールでしばらく遊ぶことにした。それにボールでは引っ張り合いができない。よって、「これは誰のもの？」という所有権をいちいち主張しないでもすむ。その「主張しなければならない」という事態が、レイラにとってはプレッシャーとなっていた。
こうしておもちゃの種類を変えてみるだけでも、犬の態度を変えることができることに注目してほしい。ボールによる遊びは純粋な狩猟遊びになり、レイラもこうして「ねぇ投げてよ！」とFさんにポジティブに近づき、投げてもらうのを待っている。

レイラがボールを持って来た。飼い主の目の前でぽとりと落とす。さきほどとは明らかに態度が違う。レイラにとっては、ボールで遊ぶ方が気楽である。引っ張りっこ遊びの時ほど、飼い主と感情的な対立がなくてすむからだ。

Session 7

飼い主Gさんとジャーマン・シェパード・ドッグのシッゲの場合

シッゲは、物品を返すのが、どうもイヤ。飼い主が取りたがっていると信じきっているからだ。信頼できていない。こういう時、犬は余計に物品を強く噛もうとする。自分のものであることを主張しようとしているからだ。

引っ張りっこ遊びをする時は犬の横で遊ぶよりも、真正面にきた方が、犬に競合していると思われにくい。このように横にくると、「そんなに、この物品がママも欲しいのだね」と、取られまいという気持が強くなる。

正面にきていても、片手で遊んでいると、やっぱり、必ず横にきてしまうので、競合と思われる。必ず両手で！

解決策。犬がこちらにやって来たら、首輪で犬を軽く抑えても大丈夫。そして犬が自ら物品を放すのを待つ。放したら、直ちに物品を返してあげる。これを何回も繰り返す。

物品を放してもらっては、また返してあげる、を数回繰り返した。すると、シッゲは、よりGさんに注意を向けるようになった（それまではおもちゃだけに気持ちを集中させていた）。おもちゃは今、Gさんの後ろに隠されているが、それでもシッゲはGさんの顔を見て、コンタクトを取ろうとしている。この時、Gさんは、背をまっすぐにし、後退を続けている。

遊びを再開。引っ張りっこの時、Gさんはより背をまっすぐにしている。犬の真正面に立っていることで、一緒に遊ぼう！という意図を伝えている（同時に、奪い取るのではないかという警戒心を、犬から解いている）。シッゲも一緒に遊ぶことに集中し始め、体が安定してきた。そしていよいよ、犬が「ほしい！」と引っ張り始めたら…。

すぐに放す。するとシッゲはすぐにこちらに戻ってきた。戻ってきたら、後ずさりして、より犬が側に来やすいようにする。シッゲが飼い主の目を見ていることに注目。「一緒に遊んでいる」雰囲気が伝わってくる。社会的遊びになっている証拠だ。

やってきたら、おもちゃを返してもらうところ。犬にブレーキをかけるために、ここでは首輪をつかんでいるけれど、犬のボディランゲージがどれだけポジティブになったかに注目してほしい。おもちゃを返すことに、まったく異論はなさそうだ。体は前向きで、耳を立てたままにしている(「え、とっちゃうの～?」というサインが感じられない。その場合、耳が寝かされているものだ)。犬があくまでも楽しんでいる雰囲気を読み取ろう。

そして、大事なのは、犬がおもちゃを返してくれたら、すぐにまた犬に戻す。すると、どうだろう。犬はおもちゃをもらっても、やはり飼い主とコンタクトを取り続けている。犬は完全に、飼い主と遊んでいるモード。この感情こそを飼い主は、愛犬と培うべきなのである。

Session 8

飼い主Hさんとプーミーのエラの場合

「おいで、おいで！」というHさんの呼び戻しにも関わらず、側をすっと走り抜けてしまったエラ。エラとHさんの遊びがうまくいかないのは、Hさんがエラからおもちゃを取り返さなければいけないということにあまりにも集中していて、エラが遊びを楽しめていないからだ。本当にこれはよくあるパターン。

ただし、エラはもともと敏捷な犬で、おもちゃを咥えたまま、どんどんHさんから遠ざかって行く。Hさんはどうしたものかとなす術もなく、エラの走る姿をただ呆然と眺める。遊びを楽しんでいるのは、エラだけ。こんなふうに遊びを続けていると、このパターンがエラにとっての唯一の遊び方になってしまう。

余計なことをエラに学習させないため、今度は、エラにロングリードをつけて遊ぶことにした。こうすれば、エラは遠くに行けず、必然的にHさんのところに戻ってくる。そしてHさんも、戻ってきたら、おもちゃを取り戻すことばかりに気を取られず、まずは側に寄って来てもらうことからエラに学んでもらうことができる。Hさんは今や背をやや仰け反り、エラに警戒させないよう、呼び戻しを行っている。するとエラは、Hさんに寄ってくるようになった。ロングリードは、最初はだれかに持っていてもらうとより安全が確保できるだろう。

このトレーニングを続け、いつかエラがHさんと「協調して」遊ぶ、ということを学習しはじめたら、ロングリードなしで遊べるはずだ。

数回の練習の後、エラの態度は既にこんなに変わった！　ロングリードをつけて練習するもうひとつの利点は、リードがあると飼い主も、何がなんでもおもちゃを取り返そうという心理にならず、またそれを犬はちゃ〜んと見抜く！　だから犬は警戒を解きやすくなり、より一層人に近づくようになる。

Session 9

飼い主Kさんとボクサーのモリスの場合

犬に活気をつけるために、犬をパンパンと叩いては、「来い来い！」と気合をかけているところ。写真を見てもわかるように、気合をいれようとしすぎて、かえってKさんが非常に緊迫した感じになってしまっている。そしてこれを犬が気づかないはずがなく、モリスのやや躊躇した態度を見てほしい。頭をやや背け、耳を後ろに倒している。人間のボディランゲージがどれだけ犬のムードに影響するかを、理解できるだろう。
飼い主は、犬にとってできるだけ、一緒にいて楽しい存在になろうとしているのだが、この気合の入れすぎと、それに伴うボディランゲージで、かえって犬を困惑させている。おまけにボールをできるだけモリスから遠ざけて持っているのも、いかにも飼い主がボールを所有したそうなサインを発している。そして犬に、「ではママと競ってそれを奪い取らなければならないのだね」という感情を入れてしまうのだ。

モリスが遊びに乗ってこないので、Kさんは小さくなって、犬に興味を持たせようとした。実は、Kさんはお腹の下に、ボールを隠しているのだ。おまけに顔も上げずに、できるだけ脅かしのサインをモリスに見せないように心がけた。

しかし、モリスのボディランゲージを見てほしい。全然、彼女の誘いにのってこない。「どうせ競合しなければならないのだから、この遊びにのりたくない、競合はしんどい」というモリス。
犬同士の遊びで行われるように、自分がおもちゃを所持していれば、相手が躍起になって追いかけてくれるだろうとKさんは期待してこのように振舞っている。しかし、犬との協調関係をつくるのを遊びの目的としているのなら、犬のように振舞って遊んでいてはあまり効果をなさない。犬同士の関係と犬と人の関係は、必ずしも同じではないからだ。人間は人間らしく振舞えばいいのである。まずKさんは、もっと犬が自発的に興味を持つおもちゃを選ぶべき。そしてひとところにじっと止まっているのではなく、常に後退しながら動くことだ。

12. 物々交換はいいけれど、でも…

犬が口に咥えている物を放してもらう時に、別のおもちゃやトリーツを与えて、物々交換をするという方法もあります。私はこの方法に決して反対するわけではないのですが、できれば、前述してきたような方法を使い、例え回り道でも犬から本当の信頼を得てから、放してもらう、というやり方の方が好きです。

物々交換というのは、別の物品に頼って犬とコミュニケーションをとろうとする方法です。私たちが物に頼らずに、犬が自主的に口から放してくれるまでに到達できたなら、犬から本当の信頼を得た証拠です。そして、この目標を達成させるには、犬に心配をさせないよう、自分自身がどのようなボディランゲージを使っているかにも気をつけなければなりません。また、犬がどういう感情状態にあるのか、私たちが犬を読むことも必要です。そして、どこまでテンションを上げてもいいのか、どこで止めると犬にフラストレーションがかからないのか、さらに、自分たちの遊びがどのような反応の連鎖でなりたっていたのか、どこで犬が不快に感じたのか、などを分析することもできます。

おもちゃを一つだけ使っている場合、こんなふうにいろいろなことを考慮しなくてはいけません。でも、これを敢えてこなすことで、私たちトレーナーとしてのスキルはすごく上達するのですよね！　分析をすることで、意外にも、こんなことが犬に影響を与えているんだ！と発見する面も多いと思うのです。そして事実を知れば知るほど、単純だと思っていたことは、かなり複雑であったと思い知らされることも多いのです。

おもちゃをなかなか放さないのは、犬の恐れも理由として関わっていることがあります。となると問題はかなり複雑です。ですから単に物々交換で解決する問題でもないと思います。でも、敢えて犬と遊んで、どこに問題が潜んでいるか探るというのは、まさに、トレーナーが犬と遊ぶべき理由でもあるでしょう。それに、遊ぶというのは、より犬のパーソナリティを知る機会ともなります。何と言っても、遊ぶということの機能の一つに、互いの絆を深める、という効果もあるぐらいです。

13.物々交換の二つのリスク

物々交換するにあたって、さらなる二つのリスクがあります。例えば、すでに十分な物品欲のある犬をトレーニングしている場合、別のおもちゃを目の前に出されたら、どちらがより自分の興味のあるものか品定めし始める、ということ。何回か物々交換を経験した後、「どっちがいいんだ、ふむ、放そうかな、放すまいか」と考え始めます。こういう犬の場合によくあるのは、さっと放してはくれず、遅れがあるということ。さらに、考えていることでストレスを高め、放す前に物品をクチャクチャ噛み始めるということ。

一方で、もともと物品欲がない犬をトレーニングしている場合、むしろ物々交換の方が面白くなって、遊び自体にあまり興味を向けなくなるというリスクがあります。すると、前例とは正反対の反応で、すぐに物品を口から放してしまうのです。

いずれの例においても、問題が浮上する前に予防策を講じることもできるでしょう。あるいは、トレーニングよって問題を取り除くこともできます。しかし、それなりの時間がかかるということを心してください。

一つのおもちゃを持ってきたら、別のおもちゃを与える。こうして交換することで、犬の警戒心を解く。ただし、交換の際、新しいおもちゃを見せるタイミングに気をつけること。犬が自分からきちんと放したら、別のおもちゃを与える。放す前に、おもちゃをチラつかせて放すことを誘導していると、犬の協調性を培えなくなってしまう。

14. …で、一緒に遊んでいる?

たとえ、犬が楽しそうにあなたが差し出すおもちゃを噛んで遊んでいても、実際、犬の気持ちに「あなたの存在」ってあるのでしょうか？　言葉を変えると、犬はあなたときちんと遊んでいると思いますか？　飼い主の与えたおもちゃでも、犬が自分だけの世界で楽しんでいることはよくあります。またその反対で、飼い主一辺倒になり、おもちゃ遊び自体を心底楽しめていない犬もいます。

いずれのケースにせよ、場合によってはそれがよいこともあります。たとえば足跡追求や臭気分別などのトレーニングなどのニオイの世界では、人間はまったくの無力なので、私たちの助けなしに犬に自立して働いてもらわなければなりません。よって、ご褒美に関しても、あまり飼い主と関連しないものの方が、犬はより独立して働くことができます。ご褒美への期待というモチベーションで行動するので、犬の頭の中に人間の像が入ってこない方がよいのです。一方で、オビディエンスの脚側行進などは、犬からの完全なアイコンタクトが必要とされる技なので、ご褒美に飼い主が関わっているほど、行進中も期待に満ちて飼い主の顔を見つめ続けることができます。

遊びに自分を関連させたくない場合は、引っ張りっこ遊びの時にも犬の目を見ないこと。話しかける必要もないし、できるだけ物品(おもちゃ)を下側にかざして、人間との関わりがないことを犬に印象付けます。また、人は犬をこちらにおびき寄せようと後ずさりすることもなく、それほど動く必要がありません。こうすることで、犬はより物品だけに興味を持ち、集中するようになります。もし「より犬と関わり合いたい、ご褒美は人間との関わり合いで出てくるのですよ」と犬に伝えたい場合は、この反対のことをすればいいのです。

ある作業を犬に教える時、そしてその際のご褒美を考える時、まず犬にどのような期待を持ってもらいたいかを考えてみましょう。自分との関わり合いを期待して作業を進めてほしいのか、あるいは完全に独立して働いてもらいたいのか、それによってご褒美の種類が変わってくるのです。

15.犬の防衛心とスリル感を利用する遊び

私は作業犬のトレーニングをしています。そして遊びというご褒美により広がりを持たせるために、所有欲からくる競争心と、その興奮の感情を遊びの中で培えないか、いろいろその使い方を実験しています。つまり所有するための防衛心、それに伴うスリル感、競争心を、遊びの中に発見してくれると、これも非常に強力なトレーニングの強化子になるわけです。犬によっては、このスリリングな感じをとことん楽しむ個体がいます。しかし、実際問題として、犬と仲良くつかみ合い遊びを行う一方で、同時に競合心と一体となったスリル感を、どのようにトレーナーが作り上げていくか、これがなかなかむずかしいのです。

私は、臭気トレーニングを行っていますが、その時に１０cmほどの長さのステンレス製の筒を物品として使っています。これは、物品の中でも、ボールのように弾むわけでもなければ、布のように引っ張りっこ遊びができるものでもない、はっきりいってモノ自体は犬の目からすると大変退屈な一品なのです。しかし、この物品に犬がおもちゃに対する時と同じぐらいワクワクとしたポジティブな感情を連想できるように学習させます。となれば、こんなに退屈な筒でも、犬にとってはこれもまた立派なご褒美として機能するようになります。

室内でノーズワーク(嗅覚で特定のニオイを探すスポーツ)をする時など、ご褒美としてボールを投げたり、引っ張りっこをしたくても、場所が狭くてできない場合があります。犬も遊びのご褒美がもらえると、かなり派手な動きをするわけですから、狭いと足や腰を机の角にぶつけたり、踏場をまちがえたりするなど、彼らにとってもケガをする危険があります。だからこそ、この小さな筒なのですね。これを見つけた、ということ自体がすでにご褒美。というのも、この筒に、犬は「あの時のうれしい興奮」を連想するからです。そして、そのうれしい興奮として、私は犬の所有欲とそれを守ろうとする防衛心からくる「スリル感」を利用します。

作業犬に役立つ、「スリルのある遊び」の教え方

このステンレス製の筒は、もともと警察犬などのIDサーチ(これ、という人間を特定して、そのニオイだけを選別して探させる)に使われていたもので、これに容疑者、その他の人々に数分握りしめてもらい、犬に捜させていました。

Step.1

この筒に鼻をつけてニオイを嗅いだらご褒美を与えることを繰り返し、興味を強化させます。

Step.2

筒を投げて、犬に拾わせ、筒遊びを促します。これを繰り返すと、この遊びへの熱心さが増してきます。

Step.3

犬が筒を口でしっかりつかむようになったら、わざとその筒をひったくるようなジェスチャーをし、「僕のもの！　盗っちゃだめ！」という所有欲と防衛欲に火をつけます。ちょっと脅かしながら犬に近づき、いかにもその筒を奪い返したそうに振舞います。犬が筒を咥えている間、遊び半分、真面目半分ぐらいで、犬に「盗られるかもしれない！」というスリル感を覚えさせ、犬の「筒」への所有欲を高めます。

ここまでくれば、この筒をご褒美として使い始めることができます。ただし犬の所有欲に火をつけるトレーニングは、トレーナーでもかなり経験のある人がやるべきです。どこまでが遊びか、どこまでが本気になるか（ここまで脅かしてしまうと、本当に犬が警戒するというのが読める！）、その限界点がわかる人。犬自身も、つかみ合いの遊びや引っ張りっこ遊びというご褒美を通して十分なトレーニング受けていること。犬に基礎が十分入っていれば、これも遊び！とすんなり理解できるのです。もし遊びに慣れていない犬の所有欲に火をつけたら、トレーナーへの信頼は失せ、防衛心を発揮させてしまいます。

それから、この遊びを行う時は、絶対に、その犬のハンドラー以外はやってはいけません。「危ない」遊びは、あくまでもハンドラーと犬の信頼関係に基づいているから成り立っているのです。そしてたとえハンドラーであっても、犬との関係が協調に基づき、素晴らしく確固としていると確信しないかぎりは、行わないでください。

おもちゃに興味がない犬には?

中には、飼い主がどんなに頑張ってトライを続けても、おもちゃで遊ぶことにそれほど興味を覚えない犬もいます。一時的に、興味を示したかな、と思ったら、次の機会では、また元に戻る！

おもちゃ遊びに興味を示さない犬に関しては、無理に遊びに誘わない方がいいでしょう。それほど興味もないのに、「ほらほら、面白いよ！」「取ってごらん！」と鼻先でいつもおもちゃを振り回されて、誘われ続けていると、おもちゃに対してよりネガティブな印象を抱いてしまうかもしれません。

この手のタイプの犬にこそ、むしろ「物々交換」で遊びを行うのが効果的です。すでに口に咥えているものが、何かと引き換えにされる。この行為自体が面白くなり、おもちゃの種類はここでは関係なくなります。運がよければ、物々交換遊びを続けているうちに、おもちゃに「価値」があることを覚え、おもちゃ遊びに興味を持ち始めることもあります。ただし、この場合も、「遊びそのもの」ではなく、「おもちゃ」があるから遊ぶというのが、この犬のモチベーションとなるでしょう。

16. 遊びのバリエーションを増やそう

遊びをご褒美として使うのであれば、バリエーションも大事です。遊びといっても、引っ張りっこだけが遊びではありません。体ごと使ってレスリングをしたり、押し合ったりして遊んでもいいし、何かものを投げて遊ばせてもよし、レトリーブ遊びもよいでしょう。特に物品そのものに興味がない犬であれば、以上のような方法を使って、遊びの楽しさに目覚めさせてあげてください。本にこう書いてあるから、ではなく、飼い主としてトレーナーとして、自分で「これはどうかな、これは好きかな」といろいろ新しい遊び方にチャレンジをしたり、考案をしたりするのも大事です。そしてたとえ「こんな遊びでもいいのかな？これも遊びとしてあり？」と疑っていても、それが学習の強化子として十分に効果を見せているのであれば、定義上、その遊びはご褒美として機能しているわけです。

遊びを犬とする際に、つねに自問すべきことは、「果たして、犬はこの遊びを本当に楽しんでいるのだろうか」ということ。そして、遊びをいつもワンパターンにしないのも大事です。犬は、バリエーションが大好き。一つの遊び方を発見したら、さらにそこから、やり方を変えたり、ルールを変えたり、おもちゃを変えたりと、いろいろ自分でトライを繰り返してみてください。

うまくいっていないのに、「だけど私は今までこのやり方でトレーニングしていたから」という理由で、同じ方法をいつまでもとり続ける人がいます。ドッグトレーナーとして大事なのは、「あ、これ、うまくいかない！」と感じた瞬間に、そのプロセスの途中ですぐにストラテジーを変えられる柔軟性です。

好奇心を刺激して、遊びの種類を増やす！

トレーナーのクリエイティビティが問われる

犬の好奇心はトレーナーにとって、大事な道具です。これは遊びを行う時に必要な原動力の一つでもあります。ということはすなわち、作業犬にはなくてはならない素質とも言えるでしょう。

何にも興味のない犬は、何をとっても面白いと思うこともなく、結局モチベーションが上がらず、アクティビティ・レベルも上がりません。ただし犬の好奇心を引き出すのは、トレーナーの犬の観察力と少しの遊び心次第。ここに紹介するのは、私が開催しているコースのシーンから。犬の好奇心をあおりだす、という課題をプロのトレーナーたちにこなしてもらいました。そう、遊びはもちろん引っ張りっこだけに限らないのです！

Session 10

飼い主Mさんとノヴァスコシア・ダックトリング・レトリーバーのスニッフィーの場合

はたして好奇心をあおることが、遊びに発展するだろうか。Mさんは手にトリーツを隠し持ち、スニッフィーに好奇心を持たせる。ここではトリーツを使っているが、おもちゃでもOK。

スニッフィーが好奇心を見せたところで、トリーツを差し出し、遊んでみる。

しかし、スニッフィーはあまり興味がなく、顔を背けてしまった。

まったく興味を失ってしまった！　集中力もない！　ここでわかったのは、手に何かを隠して好奇心を募らせるという遊びは、「この犬」には合わないということ(他の犬には合うかもしれないが)。これでは集中力が得られないので、好奇心も、そこからくる期待感も作ることはできない。スニッフィーにとっては、もう少し活気のある遊びの方が面白いのかもしれない。もしくは、Mさんがさらに工夫をして、好奇心を引き出す遊び方を考えるべきだろう。

好奇心を目覚めさせるには、ある程度アクティビティ・レベルを上げる遊びが必要だ。ただし、スニッフィーの好奇心をあおることができなかったからといって、Mさんのとった方法はすべての犬に合わないというわけではない。もし、犬がもっとアクティブでガサガサしたタイプであれば、これぐらいのおっとりとした遊びでも、ちょうどよい活発度を引き出すことができるかもしれない。
何はともあれ、スニッフィーにとっては、この遊びは好奇心を促さず、よって、彼は期待もしなければ集中もしない。ご褒美として使う遊びには不適切、というのが結論だ。

Session 11

飼い主Nさんとプードルのミーの場合

普段は犬にとって何も面白みのないほうきも、こうやって使いようによっては、犬と遊ぶためのおもちゃとなる。そのためには、彼らの好奇心をあおるのが必要。先ほどのセッション10では、好奇心がなかったから遊びにつなげることができなかった例を示した。ここでは、このプードルのミーによる好奇心に溢れた遊びをご覧いただきたい。すでにミーはほうきに気持ちを集中させている。

「おや、このほうきは逃げるよ！」と気づいたミーの動きは、一気に活発に。そして、集中力が増した。犬を活発にさせるためには、スピードも必要だ。

ほうきを持ち上げると、犬にとっては一層面白くなった。ミーはとうとうパクリと噛んだ！　相変わらず好奇心を保ち、集中してこの遊びに興じる。この程度の活発さ(アクティビティ・レベル)は、作業をさせるにはちょうどよい。飼い主およびトレーナーは、この感覚を覚えておこう。

噛んだだけじゃなく、噛んで保持しようとする。それも、Nさんがほうきを常に動かして、犬の狩猟欲を刺激しているからだ。犬の狩猟欲の行動パターン、「見つける→追いかける→噛む→じっくりと噛み付く」を遊びの中で呼び覚ました。
ミーのボディランゲージを見ても、すっかり遊びに興じていて、「イヤだなぁ、もうやめたいのだけど」という感情はまったく見当たらない。尾も高々と上げられ、体は前向き。積極的にほうきに向かっている。

ほうきの動きが止まっても、ミーは噛むのをやめない。つまりまだ好奇心が続いている。「もっと楽しいこと！」という犬の期待も、まだまだその感情の中に健在！

そのうち、ほうきをつかんで引っ張りっこを始めた！　アクティビティ・レベルはいよいよ高くなる。ここで学んでほしいのは、遊びへの過程がどんなふうにして起こるかということ。犬を遊ばせようとする時に、どこまで遊びが進んでいるかを見逃さず、一つ一つの犬のしぐさや感情の変化に気づいてほしい。好奇心が十分出てきていれば、こんなふうにほうきでも遊びが成立する。そして犬がやや顔を上に向けていることにも注目。実はミーは、飼い主のこともちゃんと視界に入れている。すなわち、この遊びの背後に「ママがいる」というのをちゃんとわかっているのだ。ここに犬と飼い主の間で「一緒に何かをやっているね！」感ができあがってくる。

Nさんはミーからほうきを離すだけではなく、最後には彼女に向かってみる、という行動も入れてみた。犬のアクティビティ・レベルは、すでに最高に達しているので、ミーは「この動きもすごく面白い！」といわんばかりだ。写真のミーの集中した姿に注目。ほうきという犬にとって何でもないものでも、それをおもちゃに変身させたのは、狩猟欲をもとにした、追いかける、追いつく、しっかりとつかむ、という一連の行動が、この物品によって触発されたから。遊びがどんなふうに犬の感覚世界を大きく広げる威力があるのかを、ここで理解してほしい。

Session 12

飼い主Pさんとノヴァスコシア・ダックトリング・レトリーバーのサーシャの場合

ここでも同じこと。サーシャの前に、プラスティックのタンクを差し出した。これ自体は、犬にとって何の興味を呼び覚ますものではないのだが、人間が手でちょっと押して動かす動作を与えると…。

狩猟欲が目覚め、好奇心も目覚める。そして、サーシャはタンクを追いかけ始めた。

「追いかける」と「捕まえる」の行動に早速入る。だからこのかじりづらいタンクに食いつこうとした！

ここで飼い主は遊びに加わるために、容器を転がし、サーシャの興味をさらにあおる。ここでサーシャは「容器が動いているのではなくて、Pさんが遊びに加わっているからなのだね！」と「一緒」ということに気が付き始める。そう、飼い主あっての遊び、社会的遊びに犬が気付くことが大事！　社会的遊びが実現するから、飼い主への「期待感」という感情も培われる。この飼い主への期待感をいったん犬が得てくれたら、これをツールに、いろいろな作業のトレーニングができる。

「おっと！　この容器はこっちに向かってきたじゃないか！」とぴょんと飛んでかわす。

もっと面白くするために、Pさんは容器を投げた。すると、またサーシャの勢いが戻ってきた！　Photo.p-1のボディランゲージと比較。ここでは、サーシャの容器への前向きな態度が戻ってきたのがわかる。

追いかけると、必ず「食いつく」という狩猟行動が現れる。こんなに犬にとって持ちにくい容器でも、それでもアクティビティ・レベルがすっかり上がったので、持って運び始めた！　飼い主がもし投げなかったら、この物品を獲って、運ぶという行動は絶対に出なかったはずだ。そして犬も、この遊びがとても楽しいというふうに、飼い主のもとにやって来た。

そしてまた遊びが再開される。遊びがすすむにつれ、どんどんアクティビティ・レベルが上がっていく。だから、この容器が今まで以上に面白くてしょうがないという様子だ！

「ママ、決めたよ！　これ、私たちの新しいおもちゃにしようね！」

2章 犬と「遊び」の関係

17. 遊びの定義

「人間の文化の前に、まず遊びがあった。文化は、あくまで人間の社会活動に基づくものだからだ。動物も遊ぶ。そして動物は人間が教えもしないうちから遊ぶ。おまけに、人間が遊ぶように彼らも遊ぶ。若い犬が遊ぶ時に見せる喜びに満ちた様子を見れば、それが人間の遊びとなんら変わらないのがわかる。彼らは、儀式的なポーズやジェスチャーを取りながら、互いに遊びに誘う。しかし、遊びの中で何をしようとも、一番根本的なことは、とにかく彼らは面白がっている、ということだ」。以上は、1938年にオランダの文化史家であるヨハン・ホイジンガ氏が書いた本からの抜粋です。この本は、人間文化の様々な表現（言語、法律、戦争、詩、芸術など）で、どのように遊びという要素が関わっているかを記した、この世界ではカルト的な著書です。彼は、人間をホモ・ルーデンス「遊ぶ人」と呼び、遊びを定義する上で、それが単にストレス発散の方法やエネルギー発散のためだけの生理的反応ではないことを述べています。遊びは、それだけで一つの機能と目的をもった人間の行動として見なしました。

動物の「遊び」について今後、量的にも質的にももっと深い研究が必要です。ここ数十年の間に、動物の遊びに対する学問的探求は増え始めています。少なくとも、『多くの鳥や哺乳類の種は、野生であれ、飼われている状態であれ、遊ぶ』ということに、研究者たちは同意を見せています。動物の若さ、種類、性、個体によって、遊ぶ頻度や種類も様々です。そして相手によって、遊び方を上手に調節します。犬も同様で、ある犬とは乱暴に遊び、また別の犬はまったく違う遊び方をするのです。そして年を取った犬よりも、若い犬の方が遊び好きです。

家畜化によって、犬は成熟しても幼さを残す「ネオテニー化」（幼形成熟）を遂げたと言われています。それは成犬でも子犬のように振る舞う要素を持つことを意味します。遊び好きで好奇心いっぱい、社会的な探究心も旺盛です。

18. 犬もひとり遊びをする

ホイジンガ氏は、「遊びは遊び」それ自体で完結する行為として定義しました。決して、「人間の緊張を解くため」とは解釈しませんでした。この他にも、遊びについては、その機能や動機、きっかけなどの面から、たくさんの定義が様々な研究者によって提案されてきました。ただし、これらの研究の主な焦点は、社会的なゲームとしての遊び（複数での遊び）でした。すると、犬の中でよく見られるひとり遊びは、この定義では「遊び」とは言えなくなるのでは？

１頭のグレート・デンが部屋の中を歩き回りながらボールを落とす。バウンドしたボールを拾い、また落とすという行動を繰り返す。ラブラドール・レトリーバーが棒やボールが投げられたわけでもないのに湖に入り、目的もなくただ周りを泳ぎ始める。ボーダー・コリーが浜辺で打ち寄せる波を捕まえようと行ったり来たりする。これらの犬たちが見せる行動は、すべて単独で行われたものです。誰かとの関わり合いで行われたものではありません。これらの行動にはもしかしてそれぞれの理由があるかもしれませんが、一つ共通しているのは、彼らがその行為をとても楽しんでいることではないでしょうか。

一頭で水遊びをするラブラドール・レトリーバー。犬の遊びは、必ずしも仲間との遊びに限らない。犬だってひとりで遊びを楽しむのだ！

19. 犬が遊ぶ3つの理由

遊びはたいてい、以下のように3つの側面から行われています。
・過剰なエネルギーを放出するため
・将来必要な技を磨くため（狩猟など）
・覚醒のため（テンションが高まること）／ Bekoff & Byers 1998年

「覚醒のため」には、単に面白いからという理由や、時にはわざとケンカの振りをしてでも行われることを含んでいます。「過剰なエネルギーを放出するため」については、証明がむずかしいでしょう。犬は時に狂ったように走り回ることがあります。これは遊びと呼んでいいのでしょうか？　こういう時、犬はたいていフラストレーションかストレスを抱え、それが走るという行為として表れたのにすぎません。例えば、ひとりぼっちで過ごす時間が多く、飼い主や他の犬との遊びの機会が与えられない犬には、フラストレーションが溜まっていると思うのですが、だからといって他の犬よりよく遊ぶということはありません。

将来の技能のトレーニングのために遊ぶこと（狩猟本能で、ぬいぐるみを振り回すなど）は、広く受け入れられている遊びの定義です。遊びの中で見られる一つ一つの行動も、つなぎ合わせていけば狩猟行動として完成し得ます。このような遊びで、筋肉や運動神経を作り上げる動き方、かわし方、追いかけ方などのテクニックを磨いていきます。しかし遊びには、一つの行動パターン（狩猟の要素など）だけではなく、攻撃的な行動や性的な行動も表れます。

また、遊びはコミュニケーション能力のブラッシュアップにもつながります。遊びを通して、犬は相手のボディランゲージの意味をより理解するようになるし、自分が相手にどのようなボディランゲージを見せるべきかというスキルを向上させることもできます。遊びを通して、相手によってどのように振舞うべきかなどがより柔軟になり、ボディランゲージのレパートリーも増え、次第に相手がどうでるかという予想もつきやすくなるのです。

20. 犬同士の遊びのサイン

かつて犬は、S－R（刺激［S］があって、それに反応［R］する）だけの動物として見なされていましたが、遊び方を見るとそうでもないことがわかります。彼らは外から与えられた刺激に機械的に反応しているだけではなく、相手の反応を見ながら、意識的に自分の行動を変えています。Aという犬が、Bという犬に何かアクションを起こす。するとBがそれに反応をし、その行動にAが反応し、それにまたBが反応をするという行動と反応の連鎖が見られます。

また、遊びの誘いという特別なサインもあります。これによって、犬は相手の犬を遊びのムードへと誘います。この典型的な例がプレイバウというしぐさです。肩を落とし、おしりを高くもちあげます。同時にマズルをあげ下から相手の犬を見上げます。この動作を見せながら、首を振ったり、相手の犬に向かって吠えたりします。このサインの意味するところは「これから私がやることなすこと、すべてお遊びのつもりだからね！（だから誤解しないで）」。そしてこのしぐさの後に、相手犬の肩や腰部に向かってジャンプを試みるでしょう。首筋を噛むこともあります。時に遊びはかなり乱暴になります。相手の犬が、これは本当に遊びなのだろうかと困惑しだすと、すかさずプレイバウの動作で状態を緩和させようとします。「大丈夫！　ほら、私、まだ遊んでいるよ！　ね？」。明らかに自分の乱暴な行いが、どう相手の犬を怖がらせたか、わかっているかのようです。

右の犬が遊びの誘いのサイン「プレイバウ」を行っている。

21. 人間にも遊びのサインを使う理由

プレイバウは人間に対しても使われます。遊びの時だけでなく、不快な状況を避けようとする時にも見せます。たとえば、私たちが怒っているような状況や、無理やり何かをさせられた時などに、犬はその状況を回避しようと、「そんなことしないで、ね、じゃぁ、遊ぼう！」と、代替案を出してくるのです。これは、犬にとって私たちが彼らと一緒にやることなすことすべてを、社会的な遊び（一緒に遊ぶということ）と捉えているとも考えられます。遊びにはルールがあります。でも、「ルールがあまりにも多すぎる！」（すなわち、私たちがああしろ、こうしろ、とうるさく言うこと）と犬が感じる時に、プレイバウを行って別の遊びに誘おうとしているかもしれないのです。となると、犬との作業も、犬にとっては遊びの延長に見えるはずです。たしかに作業には「こうすべき、ああすべき」とたくさんのルールに溢れています。もちろん、犬同士の遊びと違って、人との遊びの中では手を噛んだりしてはいけません。それでも、とことん熱中できるから遊びなのです。麻薬捜査犬の作業も、犬にしてみれば遊びの延長でしょう。たしかに、ニオイを探知するまでに、時に非常に時間がかかることもあります。しかし見つけた先には、楽しい遊びが待っている（人は犬が見つけたら、ボールで遊んでご褒美を与えます）。私たちは麻薬が出てくることを期待している一方で、犬にとっては麻薬探しを「遊び！遊び！」と思っているのでしょう。

犬には「遊びたい」という本能的な要求があるわけで、遊びを報酬として使うのは理にかなっています。特に時間を費やす作業を遂行してもらうのであればなおさらです。トレーニングの種類によっては、トリーツの方が効果的なこともあります。しかし、時にはトレーニング中に遊ぶことを、決して忘れないでください。一緒に作業（遊び）を楽しむことでの一体感を培うためにも、ぜひ必要です。ドッグスポーツの競技会となると、私たちにとってはとたんに真面目なものになってしまうわけですが、犬にとってはそれが競技会であろうと練習であろうと区別はつきません。

22. おもちゃを使ったゲーム

おもちゃゲームを通して、犬の「捕まえる」「咥える」「追いかける」「探す」という技術を伸ばすことができます。犬が本来持っている大事な行動です。おもちゃを隠すか、あるいは犬がはっきりとどこにあるかわからないよう藪や草むらに投げて、犬に嗅覚で探させます。こうして嗅覚の能力をも磨きます。嗅覚を使うというのは、視覚に頼るよりもはるかに集中力が必要です。一方でもし物品を投げることで、視覚を刺激してしまうと、必要以上に犬のストレスのレベルを上げてしまうことになります。これは私たちにも当てはまるでしょう。たとえば、机に置いたはずの車のキーが見つからないとします。とたんに、私たちは「ヒヤリ」として慌てて探し始めます。明らかに、これこそストレスによる反応です。きっと探す速度もすごく速くなります。ここでもない、あそこでもない、同じところを探しまくる。「あれ〜、一体どこに置いたんだろう!!!」。しかし、もしキーに特別強い芳香剤をつけていたとしましょう。すると、なんとなくニオイがするところを頼りに探し始めますよね。そして犬のように、ニオイの程度が強くなってくるところを探し当てようとします。この時の私たちの状態はどうでしょう。視覚だけで探している時とは異なり、動作に制御と集中力があると思いませんか？

どこかでニオイがするのだけど…。

あっ、ここにあった、あった！

23. 物品を使った二つの遊び

物品を使った遊びは、大きく二つに分けることができます。一つは、犬が自分ひとりで遊ぶというタイプ。ボールやおもちゃを自分で放り投げたり、あるいは噛んだり、振ったりして、相手なしで遊ぶ、というパターン。そして、もう一つは、人あるいは他の犬などを相手に、一緒に取り合いっこや引っ張りっこをするという社会的な遊び（あるいは社会的ゲームとも言います）のタイプ。どのタイプの遊びをするかのモチベーションは、個体によります。実験的に、普段からおもちゃに溢れているプレイルームを犬たちに与えてみました。するとその犬たちは、人がそこにいない限り、おもちゃで遊ぼうとはしませんでした。

引っ張りっこなど、物品を伴った社会的ゲームから、犬は競争相手とどうやりあうかという社会スキルも学ぶことができます。犬が集まれば、やはりおもちゃや何か物品を咥えて、犬同士で社会的ゲームをはじめます。これらの遊びを通して、グループの犬たちは、相手あっての遊び方を学ぶうちに、犬同士の衝突を避ける術を身につけていくのです。

24. タブー物品の誇示

犬は時に枝や骨を拾ってきて、それを「タブー」物品として相手に誇示することがあります。物品を口に咥え、そしてわざと相手に近づきます。そこで、目の前でポトリと落とすこともあるでしょう。そうしながら、もし相手が取ろうとしたら、「これは私のものよ、取るんじゃないわよ！」と脅しのサインを出します。犬は暴力を使わずにして、こんなふうに自分のポジションを知らしめようとすることがあります。私たちも根本的には同じことを犬にしていたりします。

25.引っ張りっこでは目を合わせない

引っ張りっこで遊ぶ時に、アイコンタクトは避けた方がいい場合があります。犬は人間からじっと見つめられるのを脅威に感じると、「脅かされる機会」と解釈し、自分も脅かしのサインを出してライバル意識を燃やし始めます。このような競合関係になるのは、ぜひ避けた方がいいですね。たとえば家族のお母さんは上手に引っ張りっこ遊びができるのに、お父さんは上手くいかない場合、長い縄や布切れのおもちゃを使って距離が十分にあくようにすれば、犬に競合していると感じさせず、リラックスして引っ張りっこ遊びができるようになります。自分の犬と正しく遊べる方法を見つけるのは、とても大事です。物品ゲームが一緒にできないのは、非常に残念なことです。物品を使っての遊びは、犬にとっても飼い主にとっても、本来とても面白いはずのゲームなのですから。

26.性的な遊び(マウンティング)

犬だけでなく多くの哺乳類動物が、闘争的かつ性的な遊びを行います。取っ組み合いや追いかけっこなどの物品を介さないで遊ぶ社会的ゲームや、闘争行動や性行動に由来する遊びも、ここに含まれます。性的な遊びというと、人にとってばつが悪いものですね。他の犬や人間の足に飛びついてマウンティングを行います。しかし、必ずしも毎回、性的なものとは限らず、自分の地位の誇示サインとしても使います。メスもマウンティングを行います。犬同士の場合、飛びつかれた方の犬は、この「オーバーセクシャルな困った犬」を無視することでその場を切り抜けるか、あるいは別の遊びに誘うことで注意を別のところに向けようとします。もし私たちが犬にマウントされた場合も、犬を払いのける代わりに、犬と同じテクニックを使ってみましょう。

27.ケンカ遊び

ケンカ遊びの場合、犬は吠えたり唸ったりするなど、一見ひどく乱暴で荒々しく見えるものです。犬を飼った経験があまりないと、飼い主は「もしや本当のケンカが始まったのでは！」とオロオロし、犬たちが遊んでいるところへ仲裁に入ろうとします。ただし、これは必ずしも適切な処置ではありません。人間が介入することで攻撃性がエスカレートすることもあるからです。

犬は遊んでいる時に、噛んだり、ちぎったり、引っ張ったり、相手の首をつかんで振ったりと、口をよく使います。しかし、それは必ずしも相手を痛めつけているわけではありません。同じことを犬は、人間にも行います。手首をつかんだり、足を噛んだり。でも、人間には犬の歯はやはり痛い！　したがって、犬同士のゲームのルールは必ずしも人間には当てはまらず、それでも犬と人が一緒に遊べるよう、少しルールを改定してもらう必要があります。「一緒に遊ぶのは楽しいけれど、こんな遊び方はイヤだな。別のやり方で遊ぼうよ！」と、他の遊び方を提示してあげます。その際、布に紐をつけたおもちゃで一緒に遊んでみましょう。犬からすると、咥えたり噛んだりして遊びたいという欲求があるわけですから、ちょうどいい代替案となります。こうすれば、人間も簡単に状況をコントロールすることができるのです。

28.ハンディキャップ・サインで遊びに誘う

動物がなぜ遊ぶのか。その理由として「将来生きてゆくためのスキルを磨くため。遊びはそのシミュレーション」という仮定がありましたが、それだけが理由というのも、こうして犬が今遊んでいるのを見ると、どうも疑わしいわけです。３番目の理由として「覚醒のため」をあげましたが、こちらに遊びの本質を探るのが妥当ではないかと思っています。覚醒というのは、心理学用語で感情が高まる（緊張、興奮、不安を含めて。交感神経が活発化する）ことを言います。単純に何かを追いかけたり、「フリ」をして怖がってみたり、怒ってみるっていうのは、単純に楽しいわけです！

遊びの中の興味深い行動として「ハンディキャップ・サイン」というのがあります。集団の中で、割合自信のある犬が、心もとない犬、あるいはへつらってばかりいる犬に対して、お腹を見せて寝転がったり、耳を伏せて尾を下げたまま自分から逃げ、わざと地位の低い犬のフリをして遊びに誘います。この弱い「フリ」をしている犬は、それがとても楽しくてしょうがない、といった様子です。遊びが将来生きてゆくためのスキルとだけ言い切れないのが、こんな犬たちの行動の中からも理解できるでしょう。

ハンディキャップ・サイン

29. 遊びの研究は未知の領域

「遊び」についてさらなる深い理解を得るためには、行動を順次追いながら行動の連鎖を解析する（シークエンス分析）ことも必要でしょう。遊びの原因と機能は、未知なことだらけです。これはトレーナーにとっても、ちょっと残念ですよね。何しろ、トレーニングにおいて、遊びという「強化子（行動を強めるもの、ご褒美など）」を我々はおおいに使っているのですから。そして、犬は単純に遊びたいから遊ぶ、楽しいから遊ぶと結論をだしても、多分、擬人化させすぎているとは思えないのです。ホイジンガ氏は人間をホモ・ルーデンス（遊ぶ人、ホモ＝人　ルーデンス＝遊ぶ）と定義しましたが、私たちも犬のことをカニス・ルプス・ルーデンス（カニス・ルプス＝オオカミの学名）、すなわち「遊ぶオオカミ」と呼んでもよさそうですね！

犬との遊び方にはたくさんの方法があります。しかし、中には「ご褒美」として使うにはあまり適切ではないものもあります。まず、遊びというのは根本的に、犬も人も一緒に楽しんでいることが大前提です。どちらか一方ではダメ。物品を交えて遊ぶ時も同様です。しかし、物品があると、それをめぐって競合が起こり、どちらかが不快な気持ちになるというリスクもあります。では、お互いが一つ一つおもちゃを持って遊べばいいではないかというと、それでは本末転倒。

それには、人が一方的におもちゃの所有権を主張するのではなく、時には犬に完全に委ねることです。お互いが「協調している」という感情を持っていれば、おもちゃはそのうちこちらの手に戻ってきます。犬も同じ感情をいだいているはずです。「時には母さんに渡す、でもそのうち、僕にも渡してくれる！」という具合に。

30. 過激な遊びなのか、ケンカなのか

遊びというのは、ほとんどが「ごっこ」で成り立っています。何かのフリをして、いかにも、というように振舞う。威嚇したり、怒ったフリをするのも、遊びの中では許されます。相手もまさか本当に怒っているなどとは解釈しません。そしてそれが遊びの特徴でもあります。人間は、犬とおもちゃで遊んでいる時に、まさに「フリ」をしているものですね。そのおもちゃがすごくほしいというフリをして、犬から引っ張り取ろうとしている。しかし、引っ張りとったら、すぐに犬に渡してあげる。取ったままにしないのも大事です。何と言っても、遊びの第一ルールとは、お互いが楽しい思いをするということ。相手を負かしたり、ムッとさせることではありません。同じように、人間も遊びが楽しめるように、犬とのゲームにはほどほどのルールがなければいけません。遊びが熱くなればなるほど、興奮をして犬としては面白くなって

いきますが、人間がそれについて行くには限度があります。

ケンカ遊びは、犬が好きな遊び方の一つです。犬同士でよくやっています。

もちろん、犬からすれば、人間ともケンカ遊びしたいのもやまやまでしょう。遊んでいるうちに熱くなってきて、それがフラストレーションになることもあります。フラストレーションを感じ始めると、攻撃性が高まってきます。こういう時、犬が遊びでケンカしているのか、本当にケンカをしているのか、ボディランゲージで見分けるのがとてもむずかしくなります。

一般的に、アクティビティ・レベルが高まると、それに伴って行動による表現の仕方も激しくなってきます。嬉しい行動にしても、怒っている行動にしても、その行動の種類は関係ありません。だからこそ、遊びのケンカが本当のケンカに見えてしまうことがあるのです。もうそろそろ、ここで２頭の仲裁に入った方がいいのだろうか否か、その判断がとてもむずかしくなります。自分で実際に愛犬と遊びながら、どんなふうに興奮度合いが高まって行くのか実験でもしない限り、介入すべき適切なタイミングというのは、まずわからないでしょう。

人間と遊んでいる時にも、だんだん犬の気分がのってきて興奮状態になります。すると、犬はもともと歯を使うのが好きな動物ですから、手を噛んだり、服の裾を引っ張ったりし始めます。この犬らしい欲求がでてきた時に、犬を叱って抑制するのではなく、他の代替案を出してあげて（ボールやおもちゃを与えるなど）、むしろ人と一緒に楽しむことで、その感情を満たしてあげるのはどうでしょう？

物品で犬と遊ぶには、まず追いかけたい、噛みたい、という犬の狩猟欲がないと成り立ちません。程度の差こそあれ、たいていの犬がこの欲を持っています。だから 彼らとおもちゃ遊びをするのは、そんなにむずかしいことではありません。遊びを通してこの欲望をさらに刺激してあげることに、犬も何も異存はないでしょう。

1 ２頭の犬が激しく遊ぶ。飛びつこうとしている。

2 アクティビティ・レベルが高まると、遊びでも表現の仕方がだんだん激しくなってくる。遊びとしてのケンカが、本当のケンカに思えてしまうのはこんな時！　この２頭は、一緒に住んでいる犬同士なので心配はないが、あまりよく知らない者同士が、こんな遊びをしていれば、要注意。しかし、どこで仲裁をいれるべきかその判断は必ずしも易しくない。愛犬の興奮のパターンというものを、飼い主は把握しておこう。

3 おっと、やりすぎた、と右の犬は、左の犬のサインを読んで、少し自分の動作を控えた。耳を後ろに寝かし、体の重心が前から後ろに移そうとする。すると歯を出して抵抗していた右の犬も、態度をただちに緩め始めた。

31. おもちゃ遊びは「つかむ」ことから教える

たいていの人はおもちゃ遊びをする時に、間違った行動をしてしまいます。まず「（おもちゃを）放せ」から覚えさせようとするのですね。それよりも先に、犬が物品を「つかむ」という技の方を十分に伸ばしてあげてから、「放せ」を教えるべきです。私は、まずは犬に「追いかけ、つかむ」の技を教えてから、「放せ」を教える方法の方が好きです。この方が犬の目線からすると、論理的だと思いませんか？　狩猟というのは、追いかけ捕まえるものです。物品を放して、捕まえ、追いかけるものではありません。犬の論理にかなっている故に、遊びの目的が明確にできて、犬にとっても面白く感じられます。だからこそ、遊ぶ時も、犬自身がすごく自信を持ってくれるようになり、熱心におもちゃ遊びに勤しむようになります。特に、おもちゃ遊びをドッグトレーニングのご褒美として使いたいという人であれば、ぜひこの方法をお勧めします。犬が物品に熱中するために、このトレーニングの仕方に反対するトレーナーがいるのは、もちろん十分承知です。もう少し落ち着いたタイプの物品遊びをしたいというトレーナーのために、その代替案となる遊び方を後述します。

犬の遊びスイッチを入れよう

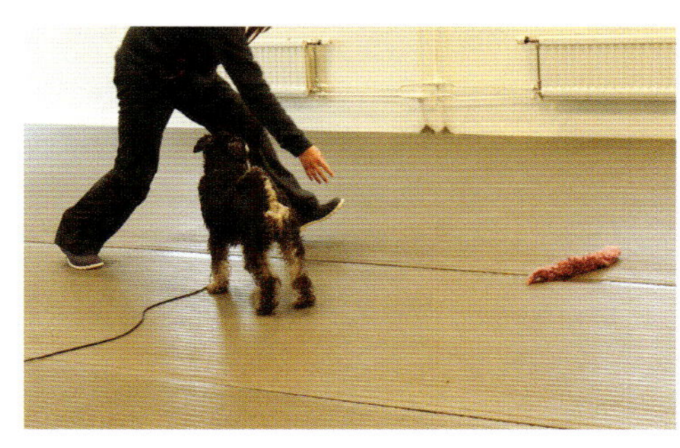

Step.1

遊びに慣れていない犬であれば、もしかしておもちゃを投げてもまったく反応しないかもしれません。シュナウザーのフレディはすっかり困惑をしています。人間が何をしようとしているのかわかりません。

Step.2

よくある間違いです。犬が反応しないので、「ほら、私が楽しいことをしようって言っているのよ。楽しいよ、ほら、咥えて、咥えて！」。フレディはおもちゃを押し付けられます。これは絶対にNG!　犬を刺激するのは、むしろ狩猟欲。逃げるものを追いかけたくなるのがその心理。犬に無理強いをさせないこと。

Step.3

「ほら、面白いよ！」と今度は、おもちゃを地面に置いてみた。犬のボディランゲージを読むこと。フレディが顔を背けているのは、人間が犬を盛り上げようときゃぁきゃぁ言っているのを、苦痛に感じている証拠。「何でこんなに押し付けてくるのだろう」というニュアンスだ。そしてフレディの場合、遊ぶ意欲がないのではなく、人間が何をしようとしているのかわからないだけ。

Step. 4

「あらら、いっちゃった！」と飼い主。不快に感じるものからは遠ざかる、というのは動物として当たり前の感情。犬がおもちゃで遊ばないなら、何を不快に感じて遊ばないのだろうかと、まず考えること！　犬が遠ざかっているという動作に、意外にも注意をむけない人が多いので気を付けて！

Step.5

さて、フレディがあまりにも無関心なので、今度は少し遊び方を変えてみた。おもちゃが地面をはいつくばる！

Step.6

ただ、ポンと投げても、地面に着地すればおもちゃは動かない。差し出したところでやっぱりおもちゃは動かない。ならば、人間が手を使っておもちゃに動きをいればいいのだ。それも、常に犬から逃げていくという動きを入れること。特に地面におもちゃをこうしてはわせることで、犬の興味を目覚めさせやすい。離れたかと思ったら、こっちに来たり、向こうに行ったり、くねくねと大きな動きを作ること。

Step. 7

断然テンションが上がり、フレディはおもちゃに追いつき噛みついた！　おもちゃで遊ぶ時の初期のトレーニングは、この「食いつく」という部分を十分に育ててあげること。おもちゃを「放せ」という動作は、おもちゃと遊ぶ意欲が十分に培われ、噛みつきの行動をすっかり習得した後に学習させるべきだ。まずは、遊びの楽しさや人間と遊ぶ楽しさを伝えよう。

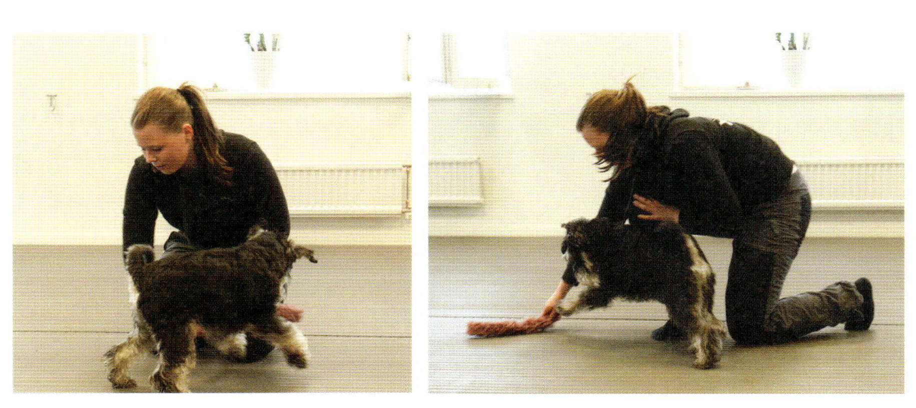

Step. 8　フレディに断然、勢いがついてきた。遊びは順調！

32. 遊びの意欲は、追いかけたい！　捕まえたい！　から

物品がまるで犬から逃げるかのように動かし、追いかけたい！　捕まえたい！　という意欲をくすぐりながら、遊びの意欲を培っていくのが最初の一歩です。

物品の選択は、いろいろと試してみてください。試行錯誤の末に、このおもちゃ（あるいはこの布切れ！）なら犬が喜んで追いかけるというものを見つけます。皮とかスエードは犬にとっても歯あたりがやわらかいし、引っ張りっこなどをする時に、人への手へのあたりもいいので、扱いやすいでしょう。

犬によっては物品の大きさにも好き嫌いがあります。なかなか興味を示さないのであれば、もしかしてサイズが気に入らないのかもしれないので、いろいろ大きさを変えて試してみるのもいいでしょう。

ただし、将来、ご褒美として機能させるために、手頃な大きさ、というのがありますね。小さすぎて、引っ張りっこ遊びをした時に手を噛まれてしまうとか、ポケットに入れてご褒美としていつも用意するには大きすぎる、ということもあるので、実用性を考えて選ぶのも大事です。

ただし、いったんおもちゃを追いかけるという遊びに興味を示すと、そのうちおもちゃの種類にはあまりこだわらなくなってきます。最初にこのおもちゃを使ったからといって、この先ずっと同じようなおもちゃを使わなければ遊べないということはないので、犬が慣れだしたら様々な物品でトライしてみましょう。

33. 遊びは強制的にではなく、興味を引いて！

遊びのトレーニングを始める際、最初は犬との感情的なやりとりは一切省きます。つまり、話しかけたりアイコンタクトを求めたりする必要はありません。まずは物品に犬が集中することが大切です。そして、追いかけ、捕まえさせるようにします。

物品に長い紐をつけると、人との距離が開くので、犬はより物品に集中しやすくなります。 犬の中には、飼い主の存在に躊躇して、おもちゃになかなか食いつかないこともあります。「ママの前ではこういうことをしては、いけないだろう」という余計な心配を犬に抱かせないためにも、紐で少し距離を置く方が、犬もより安心して遊ぶことができます。そして決して「遊べ、遊べ」と犬に無理やりおもちゃを口に近づけないことです。余計に、犬は引いてしまいます。

口に強制されて、おもちゃに犬がなかなか食いつかないのは、「そもそも、一体どんなウサギが、自分からオオカミの口の中に入り込もうとするんだ。ウサギは、オオカミから逃げるのが普通だ」という比較を出して説明するトレーナーもいます。あるいは「そもそもオオカミの獲物は、ゴムでできたピーピーなるおもちゃだなんてあり得ないはず。だから追いかけようとしない犬がいるんだ」とも理由を挙げてくれます。

いずれも一理あるかもしれませんが、しかし、強制的に犬の口に押し付けておもちゃに興味を持たせるよりも、追いかける、つかむ、という行動を学ばせながら、物品に対する意欲を培った方が、より理にかなっていると思います。

3章 たかがご褒美、されどご褒美

犬のトレーニングで、「ご褒美」を使うのはなぜでしょうか？

よい行動（飼い主の目線で）をしてくれたら、またそれを繰り返しやってもらいたいのが、飼い主の心情です。その確率をより高くするために、ご褒美が使われます。ご褒美の量や頻度と、ご褒美によって強化させようとしている行動には、密接な関係が存在しています。また、ご褒美の質（犬にとってより魅力のあるご褒美か否か）と行動にも、似た様な関係があります。ご褒美の価値が高ければ高いほど、犬はよりモチベーションを得て、その行動を見せるよう努力します。ここでは、ご褒美の種類についてと、ご褒美の機能とその影響について、述べていきます。ご褒美の中には、食べ物だけではなく、もちろん「遊び」も含まれます。

34. ご褒美と期待感

犬のトレーニングは、学んでほしい行動がご褒美への期待感になるよう、その連想を飼い主が何とか作り上げることでもあります。ご褒美につながると犬がいったん理解すれば、同じ行動をとる確率はぐんと上がります。それを「モチベーションが上がる」という言い方をします。

しかし期待感というのは、上手にアジリティの障害をこなしたから、上手にお座りをこなしたから、おやつやボールをもらえるという連想の感情だけで成り立っているわけではありません。期待をすれば当然、体の中で「やるぞ〜！」という行動的なエネルギーも上昇し、ワクワク感も生まれ、様々なポジティブな感情や態度が湧き上がります。何を教えているかにもよりますが、できれば犬が落ち着いて集中している時の方が、うまく覚えてもらえる行動もあります（嗅覚をつかうスポーツ、サーチやトラッキングなど）。あるいは、スピードとテンションがある方がうまく学習できる技もあります（ジャンプなど）。

嗅覚をつかうスポーツや他のドッグスポーツなどすべてに通じることですが、探している途中やパフォーマンスを行っている途中で、様々な難関にぶつかることがあります。こういう時、絶対にあきらめないという態度が犬には必要です。これはトレーニングの中でいくらでも培っていけます。これこそ、練習を通してどのようにご褒美を与えるか、何を与えるか、ご褒美によって犬にどんな感情を吹き込んであげたかによって、犬の持久力や耐久力を向上させることができるのです。トレーナーとしては、特にそういう難関をめげずにこなせるよう、犬に特大の最強ギアを装備させる必要があります。

ツケを素晴らしく決めて脚側行進をするベルジアン・タービュレン。そしてこの期待感に満ちた顔！

35. それぞれの適度なテンション

スポーツの世界では、メンタル・トレーニングとかオプティマル・アクティビティ・レベルなどと語ることがありますね。あるパフォーマンスをする際に、必要なアクティビティ・レベルというものがあります。運動選手は緊張しすぎてもいけませんが、リラックスしすぎてもいけません。どの程度のエネルギーレベルを維持していれば、パフォーマンスには最適なのでしょう？

犬のトレーニングの世界でも、最近この概念が頻繁に取り入れられています。とはいっても、犬ではなく、競技会のハンドラーとしてのパフォーマンスに対してなのですが。でも、私たちの持つエネルギーレベル（気合）も、かなりの部分で犬に影響を与えているんですね。だから、犬をトレーニングする時、またはむずかしい状況で犬に作業をさせる時、どのエネルギーレベルで犬をキープしておけば最高のパフォーマンスが引き出せるかを知っておくというのは大事なことです。ただし、人間の場合、何かパフォーマンスを行う際に「少し落ち着かなければ上手くいかない」とか「いやもう少しトレーニングが必要だ」とか、自分の状態を推し量る能力があります。しかし、犬の場合そこまでの洞察力はありません。いきなり課題の最初から頑張りすぎて、燃えつきてしまう犬もいます。すると、たいていは最後までパフォーマンスがうまく維持できません。この反対のことも起こり得ます。最初からとてもゆっくり構え、落ち着きすぎている。しかしそれ故に、パフォーマンスに肝心なテンションがでてこないというパターンです。

トラッキング

アジリティ

ショーハンドリング

IPO

それぞれのドッグスポーツには、各々の丁度よいアクティビティ・レベルが存在する。

36. 犬のテンションを見極めるコツ

犬の正しいアクティビティ・レベル（テンションのレベルとも言いますね）を見つけるためには、二つのコツがあります。まず、普段のその犬のアクティビティ・レベルがどこにあるのかを知っておく必要があります。そこを基本にして、下げるか、上げるか、犬のパフォーマンスをコントロールすることができます。アクティビティ・レベルは、犬それぞれであり、これが「高くていい数値」「低くていい数値」というような絶対値はありません。あくまでも比較の問題です。そして人間と同様、ある犬は普通レベルで、平均的な他の犬よりも、何かと周りから影響を受けやすく興奮しやすいかもしれない、ある犬では、普段から落ち着いているかもしれない、など様々です。ドッグスポーツとしての作業をさせるにしても、普段の散歩の時の振舞いをトレーニングさせるにしても、トレーニングをする項目にぴったりのアクティビティ・レベルを見つけておくべきでしょう。それがわかっていると、イライラすることがないし、時間の節約にもなります。

37. ご褒美への期待感でアクティビティ・レベルをコントロールする

行動の種類（嗅覚を使ってニオイを追う、アジリティをする、オビディエンスをする、街でマナーよく歩く、など）によって、同じ犬の中でも、パフォーマンスに丁度よいアクティビティ・レベルは変わります。つまり、あなたの犬がアジリティをする時はある程度テンションが加わった方がよい、でも街できちんと横について歩くという練習をしている時は少し落ち着いているアクティビティ・レベルの方が教えやすい、といった具合です。アクティビティ・レベルは、ご褒美の種類によってコントロールすることができます。たとえば、足跡追求の作業をトレーニングしている時、きちんとニオイを追って行ったら、ご褒美に毎回その犬が大好きなボールが与えられたとします。するとその犬はボールそのものを期待するのですが、もちろんハンドラーがボールを投げてくれるという遊びから得られる楽しさも期待しながら、トラッキングをこなしているはずです。ボールを追いかけることの面白さ、これがトラッキング中の犬を集中させ、アクティブにさせています（アクティビティ・レベルを高めている）。この作業をこなしたら、最後にあの楽しいボール遊びが待っているという強い期待感によって、犬はさらに作業に熱中しようとします。嗅覚作業中への興奮と熱心さがほしいのであれば、最後にボール遊びを取り入れると、ちょうどよいエネルギーレベルに収まるでしょう。しかし、もうちょっとゆっくり落ち着いて嗅覚作業をすすめてほしいのであれば、犬の期待感の持ち方を少し変えてあげる必要があります。期待の持ち方は、ご褒美で変えることができますね。たとえばボール遊びの代わりに、トリーツを与えるのはどうでしょう？　何かを食べさせるというのは、犬を落ち着かせる効果があります。よって今まで遊んでご褒美を与えていたのなら、しばらくトリーツに変えてみるのはどうでしょう？　その後、また遊びでのご褒美に戻ってもいいのです。あるいは、ボール遊びのようなアクティブな遊びではなく、もう少し落ち着いた遊びで報酬を与えるのもいいでしょう。そしてそのご褒美が、いいものなのか、効果がないものなのか、どちらかを決めるのは、あなたではなく犬です。大事なのは、犬がご褒美に向かってがむしゃらに働いてくれるかどうか。このご褒美で正しかったのかな、というのは、犬の働きぶりで判断をしてみましょう。

38. 同じご褒美も状況によって価値が変わる

いくつかの行動は、行動それ自体がご褒美になっています。たとえばボーダーコリーの羊集めの行動なんかがそれです。遊び、トラッキングもしかりです。しかし、ある行動がそれ自体で報酬になっているかどうかは、状況にもよるでしょう。たしかに犬は走るのが大好きで、それこそ走ること自体がご褒美になっています。だからといって、草原を走っている時と同じぐらいの嬉しさで、犬はトレッドミルの上を走るでしょうか？　多分、違うと思います。なので、同じご褒美でも、状況とか環境によっても、犬から見る価値観が変わってくるわけです。

犬ぞりを使役とする犬種として、ハスキーは走ることそのものが大好き。だからといって、トレッドミルの上で走る時と雪原を走る時とで、同じ感情を持っているとは思えないのだが…。ご褒美とはあくまでも状況による。絶対的価値のあるものではないのだ。それを考慮しながら、何がご褒美として最適なのかを、状況と照らし合わせながら考えよう。

39. 持ち前の能力も、強化しないと完成しない

行動によっては、ボーダーコリーのハーディング行動（羊を集める行動）など 生まれながらにそのモベーションが非常に高いものもあります。しかし、ハーディング行動ですら、強化を受けモチベーションを上げさせて初めて、きちんと完成したパフォーマンスになります。ハーディングをしたご褒美にトリーツを与えても、ハーディング自体の行動が面白すぎて、トリーツなどに目もくれない犬もいるでしょう。だからといって、ハーディング行動の完成に強化の必要がないというわけではありません。実は犬は別のところでハーディング行動の強化を受けています。彼らのご褒美は、羊の動きそのもの。自分たちの行動によって、羊が動いたと思ったら、止まる。もし、羊がまるでボーダーコリーの動きに影響を受けず、止まったままであれば、これほど牧羊犬にとって面白くない羊集めはないでしょう。それから、ハーディングのトレーニングを受けている時に、いくら好きなことだからって、その間にハンドラーからの体罰など不当な扱いを受けていたら、やはりハーディングへのモチベーションは次第に低くなっていきます。

たとえ、すでに生まれつき持っている行動であろうとも、報酬という強化を受けてこそ、次第にもっと楽しいものになっていくのです。たしかに、それ自体が報酬であるという行動は、犬から簡単に引き出すことができるのですが、そうであっても強化が必要ということです。

ボーダーコリーのハーディング、セターの見せるポインティングなど、これらの作業犬技はほとんど生まれ持った能力でもある。しかし、トレーニングによって強化を受けなければ、パフォーマンスとしては完成しない。

40. ご褒美としての食べ物

ご褒美として食べ物を使う、というのはどういうことなのでしょう？ Reid氏 (1996年)は「食べるということは、動物にとってもっとも基本的価値が見出されるもの」と述べています。食べることは、動物のもっとも基本的なそして大事な行動の一つです。よって、食べることで「楽しい」を連想するのは当然。ならば、これをドッグトレーニングのモチベーションとして使わない手はありません。

トレーニングの際、トリーツはとても手軽で便利です。ただし、犬は大きな塊をポンと一切れもらうよりも、細かくしたものを食べる方が好きです。なぜなら、食べるという行為自体に、犬が喜びを見出しているからです。

最近はトリーツといっても、様々なタイプが出回るようになった！

さて、もし犬に様々なおやつを差し出し、それをひとつ選ばせるとしたら、やっぱりまずは一番おいしいものから食べ始めるでしょうか？　実はこういう場合、犬はとりあえず自分から一番近くにあったトリーツをとってしまうようで、どれがおいしいかその分析すらしないということです。 食べ物に関すると、犬の自発的なセルフコントロールというのは、概して低いようです。これは他の動物にも当てはまります。

41. コントラスト効果が使えるのは2～3回まで

報酬というのは一つ一つに絶対価値があるものではなく、その価値は相対的で、状況によって変わっていきます。たとえば、あるパフォーマンスを行うのに、いつもドライフードによってご褒美をもらっていたとします。ところが、ある時、いつももらうはずのドライフードではなく、半生タイプのフードがご褒美として差し出されました。犬にとっては、ドライフードよりも半生タイプの方が断然魅力的。これがポジティブなコントラスト効果です。コントラスト効果は、たとえば、セールスの場でよく使われる心理テクニックです。売りたい物A自体はたいした価値がないのだけど、でも、それより悪い品質のものBを横に陳列しておくと、「あ、これいい！」と思いAという商品を買ってしまう、という心理。たかが半生タイプの報酬でも、犬は「すごくいいものを得た」と思って、次のパフォーマンスを行うときは、より一層熱心に働いてくれるはずです。しかし、これが逆になると？　いままで半生タイプをもらっていたのに、急に硬いドライフードがご褒美となってしまった。となると、犬は次回からそれほど熱心にパフォーマンスを行ってくれなくなるでしょう。

ご褒美の変化で、行動の変化が期待できます。ただしコントラスト効果が続くのは、ほんのわずかの間です。というのも、2、3回のトレーニングの後に「以前よりすごくいい！」と思っていたご褒美は、いまや当たり前のものになってしまうからです(次にご褒美を変える時は、半生タイプからジャーキーに変えなければなりませんね)。

42. ジャックポット効果

ジャックポット効果はご存知の方も多いでしょう。これも、報酬の価値にコントラストを設けることで、人に(動物に)「あっ！」といわせる効果です。そしてジャックッポットは犬がこれぞ！という動きを見せてくれた時の大報酬のことです。たとえば物品を「咥えろ！」という技をトレーニングしていて、それまで一秒ぐらい咥えては物品を吐き出していたのに、ある瞬間、なんと3秒間もちゃんと物品を咥えて口で保持をしてくれたとします。その時、「よくやった、大当たり！」と、トレーナーはいままでよりも特上のご褒美を与えます。

ただし、ジャックポットも、さきほどのポジティブ・コントラスト効果も、効果および持続力に関しては対して差はないように思われます。ジャックポットの方が効果は長い、という証拠はどこにもありません。

さらに、ことあるごとにジャックポットを与えられている犬は、それが故にかえって期待感を増大させます。それにも関わらず通常は「レギュラー」のトリーツでの報酬だとしたら、期待感の差ができてしまうでしょう。果たしてこれが犬のモチベーションにどう影響するのでしょう。

もっとわかりやすい例で説明しましょう。子供が(大人でもでもいいのですが)、両親に誕生日プレゼントとして最新機能のついたゲーム機を買ってあげると、約束されたとします。ところが、実際誕生日になってプレゼントをもらってみると、2年前のモデル！（両親は高すぎたから、こっちの方がセールで安くなっていたと言い訳！）子供の膨らんだ期待感、そしてその落差と子供のがっかり感を考えてみると、ジャックポットと犬の報酬の関係も理解しやすくなるでしょう。期待感にあふれた感情は、一番ほしいと思っていたものが手に入らない限り、一度落ちると、なかなか元に戻すことはできません。ジャックポット効果を狙うトレーニングは、ちょっと考える必要がありそうです。

ご褒美の量と効果の関連性についての実験より

果たして、ジャックポットを最初からもらう犬は、今後、トレーニングのモチベーションを保ち続けることができるのか。呼び戻しトレーニングを使って、ご褒美の量と効果について実験をしてみた。
最初のグループの犬は、呼び戻しに答えたらご褒美として一粒のトリーツをもらえる。そして2番目のグループは16粒、そして3番目のグループは、256粒のトリーツをもらえるようにした。
さて、どのグループがもっとも素早く呼び戻しに応えて戻ってきたか？
そう、もちろん特大にもらえる3番目のグループだ！

数日後、プランを変えた。呼び戻しに応えたら、3つともすべてのグループの犬たちは16粒のトリーツをもらうことになった。
さて、この場合、どのグループが一番早く戻ってきたか？　結果はなんと、1番目のグループ。最初に一粒だけのご褒美をもらっていた犬たちだった。

なぜ、こんなことが起きたのか？　ご褒美というのは「期待感」を作り出す。そして256粒ももらっていた犬たちは、当然期待をするわけで、この落差にがっかり！　ここから言えることは、ジャックポット（大当たり！）によって、犬のモチベーションと期待感を作り上げてはいけない、ということ。一番効果的なご褒美の与え方は、「変動比率強化スケジュール（Variable Ratio Schedule）」。毎回ご褒美をもらえるのではなく、ランダムにご褒美がくる。そうギャンブルのように10回に1回とか、時には20回に1回とか変則的にくるご褒美。これが、行動を強化するためには一番効果的なのだ。

43. 社会的なご褒美

食べ物だけがご褒美ではありません。社会的なご褒美というものがあります。トレーナーや飼い主とのつながりがあって、初めて価値がでるご褒美です。たとえば、何の変哲もない一枚の布切れ。食べ物と異なり、犬はこの布が床にころがっているのを見ても、なんの期待感も持たないでしょう。しかし、いったん、あなたがこの布切れを掴み、犬に提示をすると！　引っ張り合いっこ遊びを始めることができます。

このようにあなたという存在があって、初めてご褒美と価値がつくものを社会的ご褒美とよびます。オモチャもそうだし、犬を撫でたり、犬に褒め言葉を与えるという行為もそうです。犬が何かよいことをした、そしてご褒美の期待感。そこに、「飼い主」という像が存在する、その意味でトリーツもいわば、社会的ご褒美の一つと考えることもできます。

もしあなたという遊び相手がいなければ、おもちゃも単なる布切れ。食べ物と異なり、犬はこの布が床にころがっているのを見ても、なんの期待感ももたないだろう。しかし、いったん、あなたがこの布切れを掴み、犬に提示をすると！？
引っ張り合いっこ遊びを始める。そして楽しい時間が過ごせる。
このおもちゃのように、あなたという存在があって、初めてご褒美と価値がつくものを社会的ご褒美と呼ぶ。

44. ご褒美が悪い方向に向かうこともある

ご褒美のタイミングは大事です。犬が正しい動作をした直後に、すかさずご褒美を与えるというのは、トレーナー側に反射神経のよさと観察力の鋭さが求められます。しかし、問題は、ご褒美を与える直前、トレーナー（飼い主）は、何らかの動作を見せており、それが犬に影響してしまうということ。たとえどんなに微妙な動きでも、それが意識してようが無意識であろうが、犬は見逃しません。犬にとっては、これも社会的ご褒美になってしまうのですが、これが悪い方向に犬に使われてしまう例をここに紹介します。

たとえば、嗅覚で何かを探させるというスポーツ（災害救助犬のサーチや、足跡追求、レトリーバーのフィールドトライアルなど）をやっている時。犬にしかわからないものを探させるので、ハンドラーは自分の動きや行動によって、犬に余計な連想や期待感を抱かせないよう、気をつけてトレーニングをしなければなりません。

たとえば、犬があるエリアで物品を探しているとします。すると、犬は突然さっと頭をあげ、ハンドラーの方を向きアイコンタクトを取るものです。これ、何を意味しているのでしょうか。解釈が非常にむずかしいです。犬が物品を見つけた時に、「ここにあった！」とハンドラーとアイコンタクトを取ることがあります。また、「わからないよう、助けて！」とヘルプを請う時も、アイコンタクトをとります。

嗅覚のスポーツでは、ハンドラーは完全に犬の嗅覚に頼っており、どこに探すべき物品があるかわからない状態になっています。ですから、犬とのこのコンタクトは避けた方がいいと、サーチのスポーツの世界では教えられます。何しろ、こちらも場所がわからないので、助けることができな

嗅覚で何かを探すトレーニングをさせている時、犬は時々こうして見上げて、飼い主とアイコンタクトをとる時がある。果たしてこのコンタクトは、「見つからないよう！助けて、指示をちょうだい！」と言っているのか、「あ、見つけた！」というアイコンタクトなのか、ハンドラーにもなかなかわからないものだ。ただし、練習の時にはハンドラーはどこに物品が落ちているかがわかっているから、このアイコンタクトが次第に犬にとってはご褒美になってしまうことがある。そうなると、実際のサーチおよび競技会の時に、犬はあなたからの「自信に満ちた」アイコンタクトをもらえず、混乱するか、間違った方向にサーチを再開し始めるかもしれない。

いからです。

トレーニングの最初の頃は、もちろんトレーナーはどこに物品があるかちゃんとわかって訓練をしているので、犬がハンドラーと目を合わせることでコンタクトをとってきても、問題はありません。しかし、物品のありかがわからない状態(競技会がそうです)では、犬の取るこのアイコンタクトが本当に困るのです。たいていの人は、犬からアイコンタクトを受けると「探せ！」というコマンドを入れて、犬に捜索を続けるよう促します。しかし、これは避けた方がよいでしょう。というのも、基礎トレーニングの頃に、ハンドラーの方を振り向く度に、探せと言われ続けてきたとします。犬はその時に、たいていハンドラーの体が向いている方に物品が落ちていると学んでしまっているものです。なので、私としてはたとえ犬がこちらを見ても「探せ！」というコマンドを出さないことを勧めます。さもないと、探せという言葉で、ハンドラーの目が向いている方向しか探さないという羽目に陥るかもしれません。

基礎練習の時は、ハンドラーが物品の場所をわかっているから、自ずとそちらの方向に人間の体が向いているものです。犬にとっては、物品を見つけるというのが一つのご褒美ですが、その前に何をもってご褒美が得られるかを考えてみてください。ハンドラーとコンタクトをとった時にハンドラーが見せるわずかなボディランゲージ(体の向きや、目が見つめている方向など)をきちんと読んでいます。ここで得られるヒントこそ、犬にとってご褒美です。そしてこれぞ、社会的なご褒美です（飼い主とのつながりで得られるご褒美だから）。しかし、サーチトレーニングの時は、社会的ご褒美は必ずしいもよい結果に繋がらないということもあるのです。

4章 ストレス、フラストレーション、期待感、集中力

この本では、ストレスとストレスによる問題について詳細をすべて述べるわけではありませんが、それでも犬のトレーニングに関わるストレスの概念について、いくつか記述します。

45. 高まる期待感とストレスの関係

犬というのは、「こういう状況」に出会った時に、今まで習ったことに基づいて、ある期待感を抱くようになります。期待感を使って作業のモチベーションを作るわけですが、時にはあまりにもその期待感が大きくなりすぎると、かえって問題となってきます。アジリティの楽しさに味をしめた犬は、すでにコースに入るまえから体を期待に震わせます。

犬の世界でストレスを語るとき、実はストレスについての定義がややいい加減になっています。たとえば、アジリティのコースに入るのを目前にして、犬はスワレと命じられたのに座ることができないといったシーンを見た時、私たちは「犬にすごくストレスがかかっている」などと言います。しかし、ストレスをきちんと生物学的に定義すると、私たち犬界で意味しているストレスとはやや異なります。実はストレスとはそんなに単純なものではなく、特に犬のテンションだけを見ても、実際にストレス状態にあるのかどうかを知ることはできません。

たしかにある程度、アクティビティ・レベルとストレスというのは関連しています。ストレス状態にある犬は、短時間であれば高いアクティビティ・レベルを保つことができます。しかし、アクティビティ・レベルの高い犬が、必ずしもストレス状態とは言い切れないのです。

脅かされて恐怖のどん底におり、走ることも戦って自分を守ることもできず立ちすくんだ犬は、動いていませんが高いアクティビティ・レベルを持っています。また、長期にわたって慢性的なストレスに陥っている犬は、非常に低いアクティビティ・レベルを持っています。どちらの犬も、定義的にはストレス状態ですが、まったく別の行動を見せます。行動というのは、すなわち動物がどう周りを経験しているかによって表現されるものです。極端なことを言えば、ストレスというのは、犬がこれ以上自分ではもう状況をコントロールすることができず、生命をもおびやかす最期の状

態です。犬が「待て」をまてずに座ることができなくとも、一旦コースに出してやるとアジリティをこなすとか、脚側行進をしながらクンクン鳴くのは、本当のストレスではありません。

46. 犬のテンションと集中力の関係

トレーニングの世界に見られるこれらの現象は、単に犬の「期待の持ちすぎとフラストレーション」の問題と考えるとよいでしょう。この場合に一番問題になるのは、犬の集中力です。テンションが上がりすぎて、しまいには作業がきちんとこなせず、結果、長時間のパフォーマンスをこなせなくなります。アジリティでもテンションが上がりすぎて、失敗ばかりしてしまう犬がいますね。

集中力には、個体差があります。すぐに気が散ってしまう犬は、集中をするのもむずかしいわけです。作業時のアクティビティ・レベルが高すぎるかどうかを見分ける方法はむずかしく、これといった一般的なアドバイスを与えることができません。実際に作業を行ってみて、初めて気付くことだからです。もし上手に作業をこなしていたら、作業直前のアクティビティ・レベルはちょうどよかったわけで、これだけは各トレーナーが自分の経験から学ぶしか方法がありません。

狩猟に使われるようブリーディングされたワーキング系のレトリーバー種は、鳥が撃ち落とされるのを待つ間、アクティビティ・レベルを落として冷静を保つ(スイッチ・オフ)。そしていざ働く時のスイッチ・オンの使い分けが、すばらしく上手であることが知られている。待っている間(写真**1**)、適度な緊張感を持ちながらも、決して期待感に呑まれるほど感情を高ぶらせない。おかげで、いざスイッチが入っても、仕事に集中ができ(写真**2**)、かつハンドラーの指示を聞ける冷静さも保つことができる(写真**3**)。待っている間に決してエネルギーの無駄遣いをしなかったおかげで、フィールドに出て落ちた鳥を探すのが困難でも、決して諦めず、疲れ知らずで探し続けようとする。見つけたら、ハンドラーにきちんと手渡しする。

47. 集中力を持続させるためのテンションを推し量る

作業への期待が高すぎてアクティビティ・レベルが上がってしまうと、集中ができず、失敗の連続となってしまいます(例:アジリティの前にテンションが上がりすぎて、ハンドラーの指示を聞かず、勝手にコースを走り始めた)。あるいは、他のことにやたらと気を取られ、失敗してしまうこともあります(例:オス犬が横のオス犬に気を取られ、オス同士の"はったり競争"を始め、作業どころではなくなった)。必要とする適度なアクティビティ・レベルを、普段の様々な状況で犬の状態を見ながら、トレーナーは経験でそれを推し量るしか方法はありません。いろいろ見ているうちに、犬の行動のパターンも読めるようになってきます。

48. パターン化した行動における期待感

ルーティーンや「儀式」は、トレーニングには大事な要素です。儀式というのは宗教用語でもありますが、犬のトレーニングの世界でこの言葉を使う時は、「何かを行う時に毎回見せている一連の決まり切った行動」を意味します。ルーティーンもほぼ同じ意味で使われます。たとえばドッグトレーニングに行く時は、急にトリーツを袋にいれるなどの一定の行動を飼い主が取ると思います。すると犬は経験で、そのパターン化した行動をシグナルのように捉え、次に起こることを期待し始めます。災害救助犬やセラピードッグが、作業前にゼッケンのハーネスを着るのは、仕事開始の合図でもあり、それ自体が「儀式」というわけです。

動物介在教育で活躍中のゴールデン・レトリーバーのドーリス。サービス・ドッグとロゴの入ったこの水色のハーネスをつけてもらうと、「これが自分のお仕事」とドーリスは理解する。ここではとても自制を聞かせて、アクティビティ・レベルをちょうどいい状態に保っている。しかしハーネスを取って職務外のドーリスに戻ると、これまたなかなか活発なゴールデン・レトリーバーなのである。スウェーデンのとある幼稚園にて。

49. 元気すぎる犬には、儀式は考えもの

トレーナーによっては、犬に心の準備をしてもらうため「できるだけ儀式やルーティーンを作っておきなさい」とアドバイスする人もいます。特に問題行動などを避けるためにも、犬が予測しやすく驚かせないように儀式が必要とよく言うものです。どれだけ儀式が要るのかは、犬の個々の性格にもよります。しかし、その儀式自体が、実は問題行動の発端になるケースもかなり多いのです。私のアドバイスは、元気すぎるタイプの犬には、あまり儀式を設けないことです。玄関を出る前に、よく「座って待たせなさい」と言いますね。これも、犬にとっては「散歩！」の儀式。しかし、すでにその前にさんざん儀式がありました。ママがウンチ袋を取り出す、リードを持ってくる、リードを僕につけてくれる。そして、さらにドアの前でスワレを命じられ、座らされ待たされ、ドアが開き、かつアイコンタクトが求められる！　もともとやたらと元気な犬の場合、ここまで期待させられると、「まだか、まだか」とフラストレーションをためていきます。そのあげくに、アイコンタクトの後、いきなりリードを引っ張って、通りに向かって猛烈ダッシュ！　これぞ、問題行動です。

作業犬に関しても同様です。元気すぎる犬の場合、フラストレーションがたまり、結局作業に集中することができなくなります。よって儀式を手短にする必要があります。

50. 適度に一貫した儀式を

アメリカのHolly. C. Mjller氏ら（2010年）の研究では、私がここで述べていることを見事に裏付けてくれます。彼らはトレーニングを受けた犬たちを二つのグループにわけて、作業効率を比較しました。一つのグループは、作業を行う前に、10分間ハンドラーの号令によってオスワリ、マテを命じられます。もう一つのグループは10分間ケージの中で待たされます。その後、両グループは作業を行います。前者のグループの犬たちは、自制を効かせているので、さぞ作業も上手に行ったと思われるでしょう。しかし、箱を開けてみると、自制を効かせている犬たちは、その分「我慢」にエネルギーを使い切ってしまったために、最初は勢いよく作業をするものの、すぐにばててしまいました。一方、ケージで待っていた犬たちは、コンスタントに、そしてより長い時間作業に対しても粘りを見せてくれました。

とはいえ、ややのんびりした犬に関しては、むしろ儀式で期待を膨らませて活発に

なるよう、作業モードに上手に切り替えてあげることができます。

ただし、儀式を作りすぎると、ハンドラーの方が時にどれかを省いたりして、一貫性がなくなります。すると儀式の機能が失われ、むしろ問題が悪化することも。儀式を作り上げる上で大事な点は、毎回一貫していることです。

51. 一時的なコントロールは功を奏すか？

ドッグランに連れて行く時など、すでにドッグランの楽しさを知っている犬は期待に満ちており、ドッグランへ歩く道すがら、飼い主がどんなに「ツケ！」を命じても、もう聞いてもいられません。いざ、ドッグランのゲートまでやって来て、なんとか犬に少し落ち着いてもらおうと飼い主は「フセ！」を命じます。犬は「フセ」という行動をすでに十分学習しつくしているので、とりあえず伏せをします。さて、ここで問うべきは、果たして飼い主が意図した通り、犬は静まってくれたでしょうか。あるいは、一時的に伏せているだけで、実はアクティビティ・レベルに関してはそのまま…？

このような状況を、私はトレーニング教室でもよく見ます。飼い主は、犬が忙しくなってくるとコマンドを出して、犬に指示を聞かせて落ち着いてもらおうとしています。しかし、もともと性格が元気でアクティブな犬の場合、これはかえって逆効果でしょう。いわば炭酸の入ったボトルを振って、それにキャップを締めたようなものです。次に犬に何か指示をだすと、もうその時はいきなりぴょんぴょん跳ね出し、爆発状態。飼い主は、そのキャップをさらにきつく閉めようと、「スワレ！」とか「フセ！」を命じますが、ここまでくると犬は教えられたことをちゃんとパフォーマンスするどころではなくなっています…。アクティビティ・レベルが上がりすぎてしまったのです。

ルアー・コーシング（獲物であるルアーを俊足で追いかけさせるスポーツ）でスタート前のボルゾイ。期待感が高まりすぎて、すでに待っていられない。無理やり体をつかまれ、爆発状態！　しかしルアー・コーシングでは、このアクティビティ・レベルがちょうどよい。作業によって、適切なアクティビティ・レベルをハンドラーは知るべきである。

52. テンションが上がりすぎた時の対処法とは

対処法は、犬の持つ「期待感」を変えることです。つまり、犬の感情の持ち方に治療の焦点を置くこと。嗅覚を使う作業やオビディエンスなどでは、パフォーマンス中の行動を心配するよりも、むしろアクティビティ・レベルのコントロールをなんとかしようという意気込みの方が、問題を解決してくれるはずです。あなたがパフォーマンス前にだす様々な「儀式」が、それがどのぐらいにまで期待感を膨らませてしまうのか、もしかして、作業前に「スワレ」などとやかく命令をしない方が、期待感が膨れずによい効果を得られるかもしれません。

53. 日常にも活かせる

日常の犬のマナーについても同様です。前述したように、散歩の前に必ずドアで待たせるような儀式、あるいは、食べる前に一度お預けをするといった儀式を続けている方が果たしてよいのでしょうか。「いや、これをやらないと、人はリーダーとしてみなされなくなるから、と訓練士に言われました」と言う飼い主さんがいます。そんなことは忘れてください。人間のリーダーシップは、それだけで培われるものではありません。それよりも、待たせることで、活発な犬の場合、どのようなフラストレーションを貯めてしまい、それが爆発し、その後嬉しくない行動となって現れてしまうか、そちらの方が問題は深刻です。

いきなり飛び出さないようにするには、飛び出さないための適切なアクティビティ・レベルに、すでに玄関の前で整えておくことです。無理に服従させ座らせると、そこですっかりアクティビティ・レベルが上がってしまうのは、飛び出す動作ですでに明らかですから、かえってやめた方がよいでしょう。むしろ、リードをつけてそのまま立っている状態で（いえ、はっきりいって、座ってようが立ってようが伏せていようが、実は関係ないのですが）、何もコマンドをださず、少し落ち着く瞬間を待つ。その後、ドアを開けて散歩に行くのはいかがでしょう。すると、犬も落ち着いたら出られることを学んでいきます。

アクティビティ・レベルのオンとオフのスイッチを入れる方法

いったん犬のアクティビティ・レベルが上がってくると、再び落ち着いた状態に戻すのが非常にむずかしいものです。しかし中には、いとも簡単に落ち着きを取り戻せる犬もいます。こういったタイプの犬は、生まれつきアクティビティ・レベルのオンとオフのスイッチを持っているといえます。けれども、ほとんどの犬には、そんなスイッチが最初から備わっているわけではありません。しかしトレーニングによって、オンとオフのスイッチを持つことはできます。

犬が高いアクティビティ・レベルと低いアクティビティ・レベルの間を行ったり来たりし、自在に感情の高揚をコントロールできるようになるトレーニング方法を紹介します。

Step.1

まずは、犬が心地よいと思うポジションを見つけてください。私が推薦するのは、犬が人間に対して体を横に向けており、そして片側で人間に体重を預けて寄りかっている状態です。こうすることで、身体的に犬と人が目一杯接触することができ、さらに犬をコントロールしやすくなります。

犬を正面に横向きに立たせ、マッサージをほどこす。小型犬の場合は、写真のように人がすわってマッサージを行う。

Step.2

この状態で犬を立たせたら、どこを撫でてあげるとリラックスし始めるのか、その位置を探してみてください。注意したいのは、撫でることによってもアクティビティ・レベルを上げてしまう可能性があることです。それは体のどこを触っているかにもよるし、撫で方の強さにもよるでしょう。エネルギーが有り余っている幼児が、犬を激しく撫で回していると、犬もそれによってテンションが上がり、余計にガサガサしはじめるのをよく見ますね。こうすべきだというやり方は特にありません。とにかく、あなたの犬にとって何が心地よい撫でられ方なのか、そして、それがどこなのかを自分で発見してみましょう。それが発見でき、どんなふうに撫でたら犬がリラックスするのかがわかったら、そのポジションで撫でてリラックスさせる時間を毎日数回設けてください。

ポジションに犬をつけたらすぐに撫でるのではなく、しばらく間をおくのもよいでしょう。こうすると、犬はあなたがそのポジションに立てば、これからリラックスできるんだと期待感を抱くようになるからです。犬の呼吸や心拍を感じてみてください。そして、どの程度になれば、犬がすっと落ち着くかを把握してみましょう。犬が落ち着き、あなたに体重を預け始めたら、放してあげてください。そして好きなことをさせます。放すタイミングは、あなたが撫でるのをやめても、まだ体を預け撫でてもらいたそうにしている時です。このエクササイズを何度か行っていると、そのうち犬自らこのポジションにつこうとします。そこまで犬が求めるようになれば、万事が順調に進んでいる証拠です。

Step.3

このリラックス・エクササイズを、遊びのセッションの中に取り入れます。最初はあまり激しく遊ばず、いつもより短い時間で切り上げます。数秒遊び、そして犬を呼び入れ、リラックス・エクササイズのポジションに犬に立ってもらいます。この時、いつもどおりに犬が落ち着いた状態になったら、遊びを再開させます。徐々に、少しずつ遊びを激しくしていってもよいでしょう。そして、それでもリラックス・エクササイズで落ち着きを取り戻せるかを試してみます。

期待感とアクティビティ・レベル

犬のトレーニング（しつけトレーニングを含め）は、その感情レベルを観察しながら行うと学習が入りやすくなります。たとえば、セカセカしてアクティビティ・レベルが高すぎる時にトレーニングを入れても、ストレスによって学習はできません。かといってダラリとしている時に教えても、やはりモチベーションが上がらず、何も覚えられないのです。そこで、まずは犬の感情の盛り上がりの観察の仕方から学んでみましょう。いずれも、飼い主としてみなさんも愛犬のしぐさの中で見たことがあるものばかりです。ただし、実は意識して観察しないと見逃してしまうものです。

1
犬が飼い主に対して期待して、これから何をしようか待っているところ。これぐらい飼い主に期待感を抱いていれば、今後この期待感を様々なトレーニングに利用することができる。また期待度は、飼い主がコントロールすることもできる。

2
期待度がかなり高くなってしまっている。前の写真の場合の方が作業をさせるには、ちょうどよい期待度であった（アクティビティ・レベル）。

3
ここまでくると、アクティビティ・レベルが高すぎる。だんだん自分勝手なことをし始める。フラストレーションが高くなるからだ。しかし、スポーツによっては、このアクティビティ・レベルでちょうどよい場合もある。あくまでも、次に何をするかによる。

1

Jさんはケルピーのジムと遊んでいたものの、突然やめてたまたま横に居合わせた友人としゃべり始めた。さて、この写真のジムの感情は？

2

そう、ジムに「ねぇねぇ、ママ、どうしたの？！」という切迫感は特に感じられない。その証拠にJさんがまだ友人と喋りつづけジムと接触を持たなければ、彼は地面のニオイを嗅ぎ始める始末。すなわち、特に飼い主に何かを期待しているふうでもないのだ。ドッグスポーツを教えたい、というハンドラーであれば、愛犬のこの態度はNG！

3

ジムの態度を指摘された飼い主のJさんは、「これはいけない！」と遊びの仕方を反省。そこで、犬の期待感を高めるため、もう少し遊びをアクティブにしてみた。

4

しばらくアクティブに遊んだ後、再び遊びを中断。さて、ジムの感情の動きは？　「あれ、あんなに面白かったのに、やめてしまったの？　もっと遊びたいよ！」といわんばかり。ジムの興味は、Jさんに向けられた。

上がった アクティビティ・レベルを 落とすためのレッスン

先ほどは、アクティビティ・レベルをちょうどよい加減で高めるコツを紹介しました。
ここでは、いったん上がったアクティビティ・レベルを落とすためのエクササイズを示します。

1

犬を遊びによってアクティブにしたら、今度は直接犬に触れることによって、そのレベルを落としてみよう。大事なのは、犬の体の大部分が人間に寄りかかっているということ。もちろん多くの犬はおしりを向けて人間に寄りかかるのが好きだが、できるだけ犬の体が人間にくっついていること。その方が犬の脈拍や、呼吸がわかりやすい。たしかに、人間がこんなふうに覆いかぶさっていると、犬は必ずしも居心地よいとは感じないのだが、「これは落ち着くことなんだ！」と犬に自ら学んでもらおう。そして最初は逃げようとする犬もいるかもしれない。だが、できるならとどめておくこと。この時に犬に話しかける必要はない。犬を見なくてもよい。この状態でしばらく立ち尽くしていること。

2

犬が慣れてきたら、たとえ抑えている手の圧力を緩めても犬は自らそこに残ろうとする。飼い主に寄りかかったまま。脈拍が落ちるのもわかる。そこで、犬を放してあげる。

3

すると、エネルギーレベルが落ち、手を放しても犬は伏せて体を休めようとする。これぐらいまで落ちたアクティビティ・レベルでトレーニングを再開すると、ちょうどよい場合もある。たとえば、嗅覚を使う作業などがそうである。アジリティを行うのなら、もう少し高い方がいいだろう。もし、この後、アクティビティ・レベルを高めたいのなら、遊びを再開する。つまり遊びが、アクティビティ・レベルのオンのスイッチ。このエクササイズは、オフのスイッチ。

フォーカス・エクササイズ（集中力鍛錬）

フォーカス・エクササイズとは、必要なアクティビティ・レベルを保ちながら、同時に作業に焦点をきちんとおけるよう、その集中力の鍛錬をすることです。作業中に、いくらただしいアクティビティ・レベルを行使したとしても、他のことに気が散っていては作業になりません。犬は「ひとつのことに集中をする」ことを学ぶ必要があります。犬が集中しているというのは、必ずしも「リラックスしている」という意味ではありません。かといって、もちろん過度に興奮している状態でもありません。これまで私たちは、遊びによって犬のアクティビティ・レベルがどんどん上がっていくのを観察してきました。この時に発生した高いアクティビティ・レベルを利用して、集中のための「テンション」を作り上げます。フォーカス・エクササイズでは、犬がもともと興味のない物は絶対に使わないこと。ただし、エクササイズの最初の段階では、まず低いアクティビティ・レベルから集中鍛錬を行います。おもちゃでできるようになったら、次はおやつ入りのおもちゃで…と段階を踏んでいきましょう。

1

犬の姿勢は伏せでもお座りでも首輪を持つのでも何でもいいので、犬の動きをとめます。犬が好きな物（おもちゃでもよし、トリーツでもよし）を目の前に見せてから、犬の2mぐらい前におもちゃを投げます。

2

投げられたおもちゃに犬は早速興味をしめすでしょう。犬がおもちゃに注目し、2、3秒でもじっと見つめてくれたら…。

3

すかさず「いいよ！」と許可の合図をだして、いっしょにボールに走り寄ります。

4

犬に捕まえさせ…。

5

しばらく遊ばせておきます。（フォーカスした後のご褒美として）

このエクササイズで大事なのは、犬がハンドラーを見るのではなく、目の前の物品に集中すること。コンタクトトレーニングを行っている人は、おそらく犬がほしい物を目の前にしたら、まずは人とコンタクトをとってから取らせる方法を行っているでしょう。そのエクササイズと集中鍛錬エクササイズは、別ものとして考えてください。このエクササイズは、特に嗅覚を使う作業あるいは物品を使う作業（レトリーバーのためのフィールドトライアルなど、物品の回収を伴うスポーツ）をする犬にとても有効なトレーニングです。ハンドラーとのコンタクトトレーニングと、区別するために、何か合図を作っておくとよいでしょう。たとえば、集中鍛錬のエクササイズであれば、「フォーカス！」と合図をだします。その言葉で、犬はある一点に集中をする技を磨くことができます。

トラブルシューティング
犬がどうしても飼い主の顔ばかり見てしまう場合

1
物品を投げたものの、いつものコンタクトエクササイズと思い、じっと飼い主を見つめたままでいる犬もいます。待てど、待てど、物品を見てくれず！

2
こういう時は、犬に何も言わず、自分で物品を回収してしまいます。そして、また投げてみます。

3
今度は物品をちゃんと見てくれたので、すかさず「いいよ！」と合図を出し、いっしょに取りに行きます。

5章　罰するトレーニング法とその科学的根拠

54. 罰を使うトレーニングは効果的？

犬の世界で、「罰を用いるトレーニング方法」と「ご褒美に基づくレーニング方法」のどちらがいいのかは、常に討論の的になっています。 ただし、トレーニング方法として、以上のような言い方は必ずしも正確ではないし、定義もされていないものなので、これから、罰と報酬という言葉を用い、学習の中におけるこれらの概念にまつわる現象（システムや明確さ、コントロールについて）を説明します。

研究で発見されたことはそのまま実践のトレーニングに応用され、よりご褒美ベースのトレーニングが古いタイプのトレーニング方法にとって変わるようになりました。そして大きな成功を納めています。この傾向は、特にオビディエンス競技の世界で顕著です。競技のパフォーマンスの難度が高くなるほど、ある程度犬の自主性に任せるトレーニング方法がより効果をあげているのがわかります。トラッキング（嗅覚を使う）でも同様です。

一方で、罰をトレーニングで多く用いていると、恐怖心や防衛心に基づいた行動を学習させるのではない限り、犬の自主性や創造性を培うのがむずかしくなってきます。私たちが犬のトレーニングにおいて体罰法を使わないのは、倫理に基づくだけでなく、その効果のためでもあるのです。ただし、トレーナーが罰の使い方をマスターしている限りは、効率よく教えられるのも事実です。罰を使うトレーニングの一番の問題点は、正しく使われていないと、いろいろな面で支障が起きやすくなるということ。ご褒美をベースにしているトレーニングは、たとえ間違ったやり方で行っていても断然修復が簡単です。

スパイクカラーでオビディエンスを受けているブラック・ロシアン・テリア。痛みを入れられたものの、何をしたらよいかわからず、とりあえず伏せてみた。下手なテクニックで罰を使うトレーニングをしていると、犬を困惑させるだけでなく、自分を不快さから守ろうとする防衛心をも育ててしまう。

55. 罰をベースにしたトレーニングでの隠ぺい現象

トレーニングで罰を使うのなら、その罰はかなり強烈なインパクトでないと効果が表れません。よくある間違いは、徐々に罰の強さを高める方法です。動物はそのうち罰に慣れてしまうので、罰の強さをエスカレートさせなくてはならないという羽目に陥ります。さらに、罰によるショックで、犬の短期記憶が遮断されるという現象が起こります。つまり、罰が起こる直前で何があったかを覚えることができないのですね。これでは、なんの学習にもなりません。

犬のトレーニングの中で学習がどのように起こっているのかは、実はいろいろな要素が絡んでいて複雑です。たとえば、犬が何かいたずらをしたので罰を与えた場合、いたずらが不快なことにつながると連想すればいいのですが、同時に罰を下した飼い主に対して不快な連想をするかもしれません。この現象を隠ぺい現象と呼びます。罰を下された時に、自分の行為だけではなく、環境（たまたまいた場所、ほかの犬、周りにいた人など）が、その学習に含まれてしまっているのです。

犬が罰せられるのはたいていの場合、私たちが意図していることとはまったく別の行為を犬が見せるからでしょう。その際に、私たち飼い主は「どうして言うことを聞かないの！」という怒りの感情を次第に犬へ向けていきます。これでは学習よりも、むしろ飼い主の心理的な動きのみ。罰を元にしたトレーニング法は、犬にとって非常に学習しづらいものなのです。

さらに、ご褒美をベースにトレーニングを受けた犬は、どんな時も絶対に仕事を遂行してくれますが、罰を回避するために作業を覚えた犬は、ここぞという大事な時に自主性が発揮できず、本当に信用できる作業犬にはなりません。

ポインティングのトレーニングを受けるジャーマン・ポインター。止まれの指図を聞かなかったので、すぐに耳を掴まれてしまった。ハンドラーのイライラは犬に伝わるはず。

56. それでも罰を元にしたトレーニングをしたい、というあなたに

罰でも、非常に厳しい罰（非常な痛みを伴うとか）を与えると、そこで確かに行動は消えるかもしれませんが、その代わりに思ってもいない副作用が生じることもあります。それは犬の恐怖心や不信感です。トレーニングの方法として使う罰を純粋にテクニックとしての面から見てみると、いくつか覚えておくべき点があります。

罰を元にトレーニングをするのであれば、私のアドバイスは、最初から一番強い罰を使うことです。それでも、もし行動が戻ってきてしまったら、それよりやや弱い罰を使ってフォローアップします。しかし、これは学習の面でまったく効率の悪いものです。同時に、果たして倫理的に正当化できる方法なのかという疑問もあります。罰を基本とするトレーニングは、実用の上で様々なむずかしさがあります。その望まない行動が出るたびに毎回確実に罰していれば、学習は効率よく行われるでしょう。それには、罰するための用具（リードやスプレーなど）を、望まない行動がでた時のために常に用意をしておかなければならないのです。

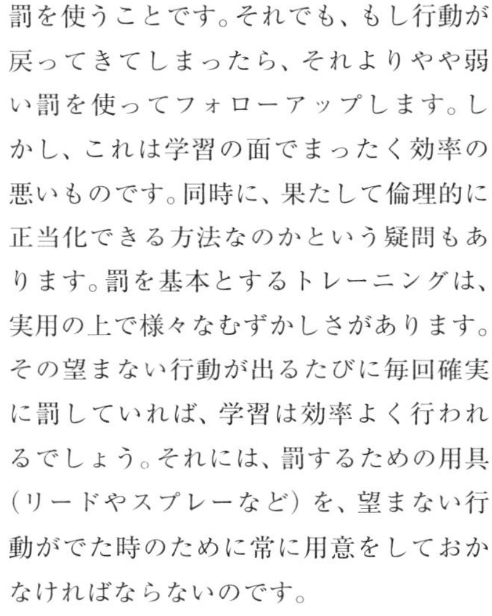

学習の効率性については、別の要因によっても影響されます。罰というのは、犬にやってはいけないことを学習させることはできても、やるべきことは教えてはいません。ですから、罰を出したと同時に、「この行動をしたほうがいいよ！」という代替案もすぐに出せている状態であれば、効率性は一気に上がるでしょう。この時の代替案は、犬がやりたがっていた行動（すなわち飼い主にとっては望ましくない行動）と同じぐらい、犬にとって価値のある興味深いものでなくてはなりません。

57. 飼い主が弁別刺激になることもある

多くの犬の飼い主から「ケージに入れていると、犬が吠えます。それで私が、静かにしなさい！と叱りに行くと、私が周りにいる限りは吠えないんです。でも、いなくなるとまた吠え始めるのは、どうしてなのでしょう？」と聞かれます。「叱る」という罰は、飼い主が周りにいる時に与えられています。そして、飼い主はこうも話してくれます。「で、私がケージのところにムッとしながら近づいて行くと、耳を後ろにして体を小さくして、『ごめんなさい』とばかり。ちゃんと自分のマナーの悪さをわかっているみたいなのですよね」。犬のこのリアクションは、飼い主自身が「不快なもの」という弁別刺激になってしまっている証拠です。自分のやったことが悪いと思っているからではありません。

2009年にアレクサンドラ・ホロヴィッツ氏が、とても明快で興味深い研究を発表しました。実験では、飼い主たちが、犬の鼻先にトリーツ置き、「おあずけ」を言い渡して部屋を出ます。その間に、研究者は何頭かの犬に鼻先のトリーツを与えてしまいます。そして飼い主が再び部屋に入る前に「あなたの犬、トリーツを食べてしまいましたよ。他の子は食べないでちゃんと待っていましたが！」と飼い主に伝えます。さて実験結果。実際、どの犬が自ら命令を破ってトリーツを食べたのか、その表情からはまったく読み取れなかったそうです。そして、トリーツを食べてしまったと伝えられ、がっかりした飼い主の犬は、みな「罪悪感」の表情を見せたということです。たとえ、ちゃんと命令に従っていたにも関わらず（つまり実験者が食べさせてしまった）！

犬が見せる罪悪感の表情は、飼い主の「怒った表情」に対するリアクションにすぎない。

58. 罰が飼い主との関係にマイナスな効果を与える

ショックカラー（電気ショックを与える犬の首輪）が、まだ違法ではない国において（スウェーデンは違法です）、ショックカラーの賛成者の言い分は「犬は電気ショックという罰が、果たしてハンドラーから下されたものなのかどうか、はっきりわかるわけがない（犬は天罰だと思う）。だから、ショックカラーを使っても、犬と飼い主の関係を壊すはずはない」というものです。

シラー氏らは2004年、警備犬のトレーニングにおいて、ショックカラーをつけてトレーニングを受けたグループとそうではないグループに分けて、犬たちのボディランゲージを比較しました。すると、ショックカラーのグループは、対照グループよりも、恐怖と攻撃をなだめようとするシグナルをより多く見せたのです。カラーでトレーニングを受けた犬たちは、確実にハンドラーを「不快なもの」と連想していたわけです。いくら直接手を下していなくとも、罰が下されるのは、かならずハンドラーが周りにいる時だからです。そして研究者たちは、ショックカラーのトレーニングにおける効率性は限られていることの他に、ハンドラー自身が犬にとって不快なことを連想させる弁別刺激になっていたと結論をだしています。

電気ショックカラーをつける猟犬。

ここでもう一つ気がつかなければならないのは、犬が飼い主との絶え間ない衝突の中で何を学んだかということ。そう、お互いの意見が合わず、飼い主が暴力で解決するなら、犬も同じ手段をとるように学習をしてしまう…、これが、この犬の飼い主との関係の持ち方になってしまうのでしょう。

罰に基づくトレーニングのもう一つの弊害は、犬が持つべき行動をすべて抑圧し押し殺してしまうというリスク。今まで叱られることでトレーニングを受けた犬を、再トレーニングするとき、これが非常な問題となっています。このような犬は、常に受身状態で、自分で率先して何か行動をオファーしてくれる、ということがありません。

59. しつけとトレーニングに違いはある？

トレーナーの中には、「しつけを考える時、犬は何がなんでも人に従うべきであって、おやつで釣ろうなんて、それでは犬の「人間に従う」というマインドが作り上げられない！」という人がいます。しかし、「しつけ」であろうがドッグスポーツ（オビディエンスやアジリティなど）のトレーニングであろうが、行動を学習するということに変わりはありません。そしていずれの場合においても、「学習」はまったく同じメカニズムで起こります。学習は犬の脳の中で起こるものであり、彼らにとって「競技会向けの学習」か「日常マナーの学習」の区別はありません。

一方、日常のしつけも、ドッグスポーツでのトレーニングにおいても、同じ「厳しさ」を要求する飼い主というのは、状況に関わらず態度が一貫しているために、犬にもすごくわかりやすく、そこそこに上手に犬とつきあっているものです。

そして確かにしつけやトレーニングには様々な方法がありますが、いずれのトレーニング哲学を採用しようとも、学習のメカニズムの方程式に違いがでることはありません。それにもかかわらず、どうして「しつけ」と「競技会用のドッグスポーツトレーニング」を区別する必要があるのでしょう。どちらも同じ原理を使い、同じ態度で接して、一つの行動を教えられるはずです。

ドッグスポーツの技を教えるのも、日常のしつけとしてエチケットを教えるのも、学習を通して犬が物事を学ぶことに変わりがない。ドッグスポーツはいいけれど、なぜしつけとなるとトリーツを使うことが「賄賂」になるというのだろう!?

6章 犬の「学び」のメカニズム

60. 動物はどうやって学ぶのか？

すべての動物は、関連性で学習しています。状況と結果の連想によって、何が起こるかを理解し、自分のとるべき行動を適応させていくというのは、生き物が生存していく上で非常に大事な能力です。この点においては、人間も決して例外ではありません。動物は、各々の住処を持ち、それ故に各々のニーズを持っています。そして、その環境を生きて行く上で必要な術を得るために、独自の学習能力を発達させてきました。だからこそ、その種特有の行動があるわけです。ただし、それは必ずしも生まれつき備わっているものとは限りません。単にその種が同じ住処（ニッチ）や環境に住んでいたために、同じ行動を学んだに過ぎなかったと解釈することもできます。犬にも犬独自の行動と学習の仕方があり、それこそ、私たちが探っていくものとなります。そして、なぜあることはすんなり教えることができるのに、また別のことはそんなにむずかしいのかをいろいろ考えてみたいのです。

我々人間も含め、すべての動物に通ずる基本的なルールというものがあります。どんな生き物にも、その行動の裏には自分の利益になることが経験上わかっているというモチベーションがあります。にも関わらず、自分が期待をしていた恩恵や利益が手に入らないとわかったら、それをしても意味がないわけですから、まもなくその行動を止めてしまうでしょう。ただし、いったん身についた行動がなくなるまでの時間は様々。これは、いろいろな要因によります。たとえば、報酬をもらった（もらえなかった）頻度や、何を報酬としてもらってきたかにもよるのです。犬のトレーニングをするなら、「動物が行動を起こすには、なんらかの利益というモチベーションが必要である」ことを知っていれば、それだけでも十分な知識ツールではないかと思います。しかし、さらに一歩踏み入れて、「学習理論の何たるや」を少しでも知っておくと、さらに犬へのトレーニングへの知識が深まります。

動物のあらゆる行動には、「自分の利益になるため」というモチベーションが隠されている。

61. 学習理論はなぜ知らなくてはいけないのか

ただし、実際に犬のトレーニングをしていると、学習理論の知識や論拠というのは、ほとんど、使い道はありませんね。というのも、トレーニングをしている最中、どのタイプの学習理論で犬が学習をしたのかなんて、毎回一つ一つ見分けるのはほとんど不可能ですから！

しかし、トレーニングを計画するには、持っていて非常にためになる知識のではないのでしょうか。特にトレーニングがなかなかうまくいかない時、問題犬を目の前にした時など、学習理論をベースにおいて考えてみると、物事を分析しやすくなるし、より状況や犬の考え方の理解につながります。それに何と言っても、分析能力なしにして、ドッグトレーナーにはなれません。行動を上手に教える技術があるのも、よきドッグトレーナーとしての一面ですが、分析能力とよいトレーニング技術、この二つが揃って初めて質のよいドッグトレーニングが実現されるのです。

犬のトレーニングは一つだけではなく、様々な条件が備わり、それによってそれぞれの学習モデルが存在します。この章では、各々の学習モデルについて、実際どのように使っていくべきか、それがどのようにトレーニングへ影響を与えるのか、例をだしながら説明します。もっともセオリーばかりで一見、退屈そうに見えます。しかし、学習にはいろいろな種類があるという知識、そして犬の感覚がどのように機能しているかの理解は、今後のトレーニングに非常に役立ちます。

学習理論はトレーニングの最中よりも、むしろトレーニングの計画の際に役立つ知識。犬の専門家になるための高校での著者の授業風景より。

62. 犬の知覚能力を考慮しよう

周りで何が起きているかを知覚する脳（中枢神経系）の能力は、その生物が生まれ持っている知覚の種類によって影響されます。

犬はニオイや動きを知覚するための能力が素晴らしく発達しています。網膜の端っこで感知したこと（つまり犬の斜め後ろで起きたことを目が知覚すること）ですら、ちゃんと見分けています。たとえば、犬の斜め後ろあたりで何か動物が動いたとか、トリーツをとるためにポケットにしのばせる手が動いたのも、はっきり見てとるのですね。犬に何かを学習させたりトレーニングをする時には、これらの犬独特の知覚能力についても考慮しておかなければなりません。だからこそ、「一体、私は犬のやったことの何に対してご褒美を与えているのか」というのを、犬の知覚世界、すなわち犬の目線で考えなければならないのです。人間が知覚する以上のことを、犬は見たり聞いたりニオイを嗅いだりしているわけですから、私たちが実際に「褒めて強化したい」という行動が果たして本当に強化されているのかは、はなはだ疑問です。

時に犬は、私たちが意図していたこととはまったく別のことを学んでいたりします。たとえば、犬にとってはその時の「場所」が非常に大事だったりするわけで、その特定の場所にいる時はこうなるというふうにしか覚えていなかったりすることもあります。

コンタクト・トレーニングなのだが…。一見、飼い主に集中しているように見える。しかし、犬の視線はどこに？　彼らの知覚力は、必ずしも人間と一致しているわけではない。それ故に、思わぬことも学習していたりする。

トレーニングクラスでは、なぜか呼び戻しがうまくいく。でも、その他の場所でやると聞いてくれないというパターンは多い。特定の場所でばかりトレーニングをやっていると、その環境自体がセットとして犬に学習されるので、そこに行かないと言うことを理解してくれなくなることもある。

63. 連想を伴わない学習

すべての学習が連想によって起こるわけではありません。私たちは、何の報酬にもつながらない出来事でも学習します。非連想学習には、馴化と鋭敏化があります。いずれも、たった一つの刺激に対して、馴れる、あるいは敏感になるために、別名シングル・イベント・ラーニングとも呼ばれます。たとえば、自分にとって何も重要ではないはないことを知るのも、一つの学習です。たとえ最初は「おや？」と思っても、「なぁんだ、自分に関係ないことか」とわかれば、いちいち反応せずに済むわけです。その「反応しない」という部分が学習された行為にあたります。要はその刺激に馴れてしまい、感覚が鈍化してしまった状態が一番よい例でしょう。

この「鈍化してもいい、気にしない」というタイプの学習を「馴化」と言います。これは学習の中でも、もっともシンプルで基本的なタイプのものです。考えてもみてください。たとえば都会にいて、いちいち人のざわつきや車の行き来に反応していたら、私たちは頭が狂ってしまいますよね？　馴化、すなわち自分と何の関係もない刺激（報酬をもたらすわけでもなく、有害なわけでもない刺激）を、いちいち気に留めたり反応したりしなくてもよいという学習能力は、生き物が生存していく上での大事な生物学的機能とも言えます。

イギリスのパブで飼われている犬。通りの車やざわつきにいちいち反応して店を出ることもない。お客さんがやってきたからといって、おおはしゃぎで迎えることもない。すべてが毎日のことなので、すっかり馴化しており、反応しないようになった。普通の家庭犬がこの環境にいきなりやってきたら、その反応はだいぶ異なるはずだ。

64. 短期馴化を利用したトレーニングの落とし穴

馴化には二つのタイプがります。一つは、短期間の時間経過のうちにできあがるタイプ。もう一つは、メカニズム自体は同じですが、長い期間にわたってできあがるタイプです。

短期馴化の例をあげましょう。しばらくテレビから聞こえる犬の吠え声を聞いているうちに、その2分後には、犬はまったく反応しなくなったとします。馴化が起こった証拠です。さて、しばらく何も聞こえなかったのち、2、3時間後、またテレビから吠え声が聞こえてきたとします。ところが、それに犬はまた反応してしまうこともあります。これを「脱馴化」と言います。馴れていたと思ったら、時間の経過によって、馴れがなくなってしまうことです。短期馴化は、短いインターバルに(決して延々続くものではなく)その刺激が繰り返されると起こります。逆に、テレビから聞こえる吠え声がそれほど頻繁に起こらなければ(たとえば一時間に一回程度の割合)、馴化にはより時間がかかることになるでしょう。

ドッグトレーナーは、この短期馴化を訓練で利用することがあります。たとえば、他の犬に攻撃的にならないようにトレーニングする時など、短期間の間にたくさんの犬にどんどん会わせていくことで、一時的ですがその問題犬は次第に他の犬に反応を示さなくなります。しかし数時間後、飼い主はこの犬をしばらく休憩させた後に新たに他の犬に会わせると、また元の問題行動を見せ始めます。すると、最悪の場合、トレーナーはこれを「犬はあなたのことをリーダーとして認めてないからですよ」と飼い主のせいにすることもあるでしょう。しかし、実はトレーナーが行った訓練は短期間の効果に過ぎず、過失はトレーナーにあります。

その問題犬は、短い期間にどんどんと犬に会わされ続けただけで、実は「状況に馴れる」というプロセスについてはすっかり飛ばされているのですね。その結果、「攻撃も、その場から逃げるということも、やっても意味がない」と自分の無力さについて無理やり学習させられただけ。この方法を「フラッディング」と言います(元の意味は《洪水》)。しかし、フラッディングは、ややもすると犬をトラウマにさせてしまうことがあり、かなり危ない治療法でもあります。

たとえば、ある人がネズミの恐怖症だとします。その恐怖を克服するための治療法があるのですが、それをこの問題犬の治療と比較してみましょう。まずはネズミ恐怖症の人にネズミの写真を見せることで、ネズミのイメージに対して馴化してもらいます。その次に、ネズミがケージに入っている部屋に入ってもらいます。それにも慣れたら、今度は生きているネズミを触らせます。こうして徐々に恐怖を取り除いてゆきます。

もし、この人に、前述の犬が受けたような「フラッディング」法を与えていたら、どういうセラピーになっていたでしょうか。つまり最初のセッションからいきなり生きたネズミに溢れた部屋に通し、そこで「ネズミに慣れろ」と言われます。さて、この人は、ネズミへの恐怖をこれで克服してくれると思いますか？　反対ですよね。より一層ネズミに対する恐怖を増長させるはずです。トレーニングで攻撃性と恐怖心を取り除くというのは、たいていの場合とても時間がかかることです。犬は居心地のよくない状況に対して、なんとかポジティブなイメージを新たに連想するようにしなければならないからです。単なる一時的な馴化やフラッディングでは、これを達成することはできません。

他の犬に出会うと「ガウガウ」してしまう問題犬のための教室では、短時間にたくさんの犬に出会わせて、馴化させることがしばしば。すると、犬はそのうち、犬との出会いに対しておとなしくなるのだが、しかし、たいていの場合、短期馴化でしかない。しばらくすると、この馴れが消えてしまい、元の問題行動が現れる。

馴化トレーニングのやり方

犬のトレーニングの際、私たちは短期および長期馴化のどちらも利用します。どれほど多くの誘惑や、気を散らせるような刺激に犬をさらしていくかを、きちんと計算しながらトレーニングします。犬はそのうち周りにいくら誘惑があっても、実は何の結果ももたらさず、したがって何の重要性も持たないものなのだということを悟っていきます。こうして周りの環境に馴化させながら、より作業に集中してもらうようにトレーニングを行います。そして、この「馴れ」を長期馴化にしていくためには、犬が周りのいろいろな誘惑にさらされている間、正しい行動に対して的確なタイミングをとらえて褒めてあげることが大事です。

1

鳥に反応して興奮する犬は多い。ある柴犬をカモに馴化させるトレーニングの様子。いきなりカモの近くに犬を近づけないこと。馴れないうちに、犬にとって刺激の強いものをあまりにも近距離においてしまうと、今度は余計に犬を敏感にさせ、異常に反応するという問題行動を引き起こす。どれほどの距離で犬を馴らしていくかは、あくまでも犬がどのように感じるかによる。したがって、犬の反応を見ながら、馴化させるべき距離を調節してみよう。

2

こうして遠目にカモをおけば、それほど刺激にならず、馴れやすくなる。同様に、怖がるものに対しても、やはり最初は距離をおいて、馴化を行おう。怖がっているのに、いきなり面と向かわせて馴化させようとすると、余計に敏感になり、以前より怖がるようになってしまう。

65. 馴化と鋭敏化の見分け方

特定の刺激に対して鈍化させるという「馴化」と異なり、鋭敏化とはまったくその反対の現象です。刺激に対する反応が無差別にますます増大していくのです。たとえば、愛犬が他の犬に出会い、吠えかけられたり襲われたりというすごく恐ろしい体験をしたとします。この経験の直後、愛犬は今まで何とも思わなかったものに対しても、突然神経過敏に反応することがあります。通りすがりの人に対してすら、おかしな反応を見せたりします。すっかりおののいてしまったために神経がピリピリし、普段なんでもないことにまで反応してしまう…、これが鋭敏化です。

さて、犬が馴化をしたのか鋭敏化をしたのかは、どうやって見分けられると思いますか？

一般的に、強烈な刺激は鋭敏化を促します。そしてより中立な刺激は馴化を促します。「顕現性」の高い刺激ほど、鋭敏化させてしまうリスクがあります。顕現性というのは、心理学用語でインパクトの強いものを意味します。周りの状況と比べてコントラストの強いものや、突然動いたりするもの、または何か強烈な印象を与えるものです。

しかし、すべての人が同じ刺激に対して同じように反応するわけではなく、皆それぞれです。そしてこれは犬に対しても言えることで、時には犬の感情状態による時があります。人間と同様、犬もその日のムードによって、いつもよりもやたらと敏感に反応することもあります。

犬に猫を追いかけないようにトレーニングする際、いきなり逃げている猫をすぐそばで見せてトレーニングをしませんよね。あまりにも刺激が強すぎます。まずはあまり反応をおこさせないよう、望ましくない行動がでない程度の刺激から始め、徐々に刺激を強くして難度を上げていきます。何回か猫を見せたところで、今度は動いている猫を見せていきます。しかし、あくまでも犬に猟欲のスイッチが完全に入る前の状態（心理学用語で「閾値」内／P138参照）で止めておかなければいけません。このようなトレーニングにありがちな間違いは、徐々に強い刺激に犬をさらすという地味な訓練をすっ飛ばして、トレーナーがいきなり刺激の強さを上げてしまうこと。すると、トレーニングを何ステップも後戻りさせなければならなくなります。最悪の場合、この誤ったトレーニングによって、犬をさらに鋭敏化させている可能性もあります。

66. 馴化と鋭敏化における閾値の関係

閾値以下にしておく→馴化 （刺激がきても、何も反応しない）
閾値以上にする→鋭敏化 （刺激がきたら、必要以上に反応してしまう）

訳者注釈） **閾値とは？**
刺激が刺激として感じられる最小値のこと。この閾値内であれば、たとえいろんな刺激をもらっても、追いかけたい、逃げたい、重たい、痛いなどはっきり知覚せず、よって行動を変えることがない。閾値には個体差がある。

1
自分の領地に馬が侵入してきたが、この程度の距離なら、この犬（写真左端）にとって閾値以下。反応をしない。

2
しかし、馬が２メートルまで接近してくると、この番犬の「侵入者許容閾値」以上になるようだ。さっそく吠えて「あっちへ行け！」と自分の敷地を守る。

犬のトレーニングの計画を立てる時、皆さんは誘惑や気が散るものをあえて置いて、果たしてそれでも犬がきちんとするべきことを実行してくれるかという訓練をメニューに入れることがあると思います。たとえば「呼び戻し」という課目を完全に犬に身につけてもらうために、誘惑としてわざと猫が近くにいるところで練習するとします。飼い主（トレーナー）としては、猫の存在にも犬が馴化するほど何とも思わない状態になってほしいわけです。猫を見ても刺激とすら感じることがないからこそ、呼び戻しの合図にちゃんと応えられます。

しかし、誘惑の刺激が強すぎると、かえって馴化どころか鋭敏化にさせてしまい、犬はより「猫」の存在に以前より神経を尖らせるようになってしまい逆効果です。これではせっかくのトレーニングも台無し！　それも、たった一回の過ちで学習してしまうのです。

67. 古典的条件付け

ある出来事によって、もう一つの出来事を連想することを、古典的条件付けと呼びます。もっとも有名な例が（ただしベストではないとは思うのですが）ロシアの心理学者、パブロフによる、「パブロフの犬」ですね。

略語の解説
US（無条件刺激　Unconditioned Stimulus）
UR（無条件反応　Unconditioned Response）
CS（条件刺激　Conditioned Stimulus）
CR（条件反応　Conditioned Response）

無条件刺激にあたるものが、たとえば食べ物（US）。犬は食べ物に生まれつき反応を示し、その結果唾液を出します（UR）。食べ物は無条件刺激であるが故、それに対する反応（R / Response）、すなわち唾液を出すというのも無条件に出された反応です。

さらに、食べ物を与える直前にベルの音を聞かせ続けると、犬の頭の中ではベルと食べ物の間に一つの連想ができあがります。ベルが鳴れば食べ物が出てくる。この連想ができる前までは、ベルの音というのは犬にはまるで意味のなかった中立な刺激です。しかし、ベルの音の次に食べ物が出てくることを何度か繰り返しているうちに、ベルの音だけでもよだれが出てくるようになります。すなわち、ベルの音は条件刺激となり、それに伴う反応（唾液が出てくる）は条件反応となりました。唾液を出すというのは、刺激の種類によって（ベルの音、あるいは食べ物の提示）、無条件反応でもあるし条件反応にもなりうると言えます。

1 最初はベルの音を聞かせても、何も反応をしない。

2 食べ物は無条件刺激(US)。何も連想なしにも、見せただけでよだれが出る（無条件反応、UR)。そこで、ベルの音を聞かせた直後に、このソーセージを出し続けて行くと…。

3 ベルの音がなると必ずソーセージ、という連想を学習した犬は、次第にベルの音だけを聞いてよだれを流すようになった。ここでベルの音は条件刺激(CS)となった。そしてこのよだれは条件反応(CR)となった。

68. パブロフの犬に見る古典的条件付けの新しい見地

パブロフの実験（古典的条件付け）では、犬はベルの音を、食べ物が出てくると学んだわけですね。いや実際、そうなのでしょうか？　パブロフの提唱している古典的条件付けを説明するには、二つの可能性があります。ここが問題です。一つは、認識学モデル（CS-US-R）と言います。もう一つの方は、行動学モデル（CS-R）と言います。

認識学モデルでは、ベルの音（CS）によって、犬がまず食べ物（US）を連想します。唾液が出るという反応（R）は、すなわち食べ物によるという考え方です。

行動学モデルは、ベルの音自体が直接よだれという反応を引き起こしているという考え方です。この考え方では、ベルの音と食べ物は、よだれを出させるという反応において同じ価値を持っているものとします。認識学モデルの場合、犬は食べ物が出る前にベルが鳴るというのをちゃんと認識した上で反応していること。行動学モデルの場合、必ずしもそれを認識していないとする考え方なのですね。

認識学モデルと行動学モデルとの間で、パブロフの犬の考え方には、簡単に言うと以下のような違いが見られます。

「僕はよだれがでるよ。だってベルが鳴れば食べ物のことを思い出すから！」

→認識学モデル

「僕はよだれがでるよ。だってベルが鳴るじゃないか。どうしてベルがよだれを催させるのか、僕にはよくわからないのだけど」

→行動学モデル

ビヨン・フォルクマン氏の2002年の研究によると、行動学モデルも認識学モデルも、いずれも正しいとのこと。つまり、食べ物を連想しているから、ベルの音も美味しそうに聞こえるというケースもあれば、理由はわからずとも、とにかくベルを聞いて条件反射するケースも存在しているとのことです。

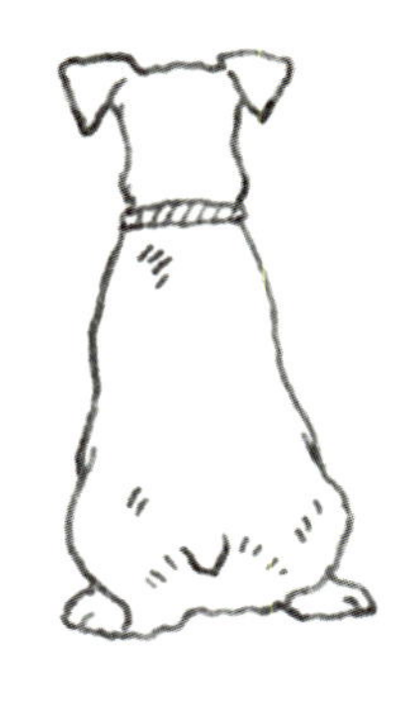

69. 普段のアクティビティとトレーニングの例から

古典的条件付けというものがあるおかげで、犬は次の瞬間に何が起こるかを予測することができます。たとえば出来事A(犬のおやつの袋をガサガサと開ける音)が起これば、出来事B(おやつをもらえる)が起こる、と犬が予想します。そこに犬の学習が発生しています。そしてその音が聞こえれば、喜んで台所に走って行くわけです。ここで覚えておきたいのは、犬の反応(台所に走って行く)がなくとも、犬が何をしていようが袋は開けられるという事実。犬が台所に走り寄ったために、おかあさんが「じゃぁ、袋を開けましょうね」とトリーツの袋を開けたわけではありません。では、この犬は何を学んだのか、先ほどのモデルを基にして説明をしてみましょう。

飼い主が台所の棚からおやつ袋を出し、ガサガサ音を立てた。すると犬は、待ってましたとばかりに寝床から起きて、台所へ駆け寄ってきた。さて、ガサガサ音をトリーツとして意識して取った行動なのか、それともすっかり条件反応故に無意識に取った行動なのか？

認識学モデル

学習をする前:
US(おやつ)—UR(犬が台所に走って行く)
学習をした後:
CS(おやつ袋が開けらえるガサガサ音)—
US(おやつ)—CR(台所に走って行く)

犬は台所に走って行く、というのもガサガサ音で犬は食べ物のことを考えるから

行動学モデル

学習をする前:
US(おやつ)—UR(犬が台所に走って行く)
学習をした後:
CS(おやつ袋が開けらえるガサガサ音)—
R(台所に走って行く)

ガサガサ音が聞こえると犬は台所に走って行く。しかし必ずしも食べ物がもらえる、ということを意識した上での行動ではない。

さて、この犬の学習は古典的条件付けだけで成り立っているものだと思いますか？

袋が開けられ、その音によって犬は台所に走って行きました。ここまでは古典的条件付けによる学習です。しかし、食べ物を得るには、まず自分で台所まで走っていかなければなりません。自分の起こした行動がある結果を招く＝オペラント条件付けによる学習です。

前述のおやつ袋と犬を例にとります。まず犬がおやつに向かって走って行くというのは、生まれ持った反応です。無条件刺激、あるいは無条件刺激を思い起こさせるもの(US)に向かって近づくのは、無条件反応でもあります(もし、犬が食べ物や無条件刺激から離れていったとしたらとても、不思議ですよね)。

70. 呼び戻しとクリッカートレーニング

犬の呼び戻しは、古典的条件付け反応の大変よい例だと言えるでしょう。犬は、ご褒美の到来を意味すべき「合図」(この例でいうと「オイデ!」)に向かって走って行きます。しかし、もし人間が「オイデ!」と言ったにも関わらず、犬が背中を向けて別の方向に走りだしたとします。これは、オペラント条件付の学習の例と言えます。ご褒美であるおやつに背を向けて走るというのは、犬の自然な反応ではないですからね。しかし、犬が自分の行動がどのような結果をもたらすかを学んだ典型的な例でもあります。たいていの犬は呼び戻しが聞こえた時に、どの行動を見せるべきかなど深く考えていません。できるだけ早く報酬がほしいということしか、彼らの頭にはありません。

私たちが望む望まないに関わらず、オペラント条件付けによる学習には必ず古典的条件付けのプロセスが含まれています。つまり合図(コマンド)とご褒美の連想がそれです。そして、これを犬のトレーニングの際におおいに利用しています。 愛犬が他の犬に出会う時を例にとってみましょう。通りすがりの犬に会う度に愛犬にトリーツを与えたとします。すると、犬は間もなく「他の犬」を見れば「トリーツ」という連想を持ち始めます。そしてこれをオペラント条件付けで学習させようとすれば、こういうシナリオになるでしょう。毎回他の犬に出会う度に、愛犬は私の顔を見る。そこで、そのアイコンタクトに対して、私はトリーツを与える。間もなく犬は、他の犬に出会い、自分が何か飼い主に対して行動を起こせば、それがあるポジティブな結果をもたらす(ご褒美がもらえる)と理解するようになるのですね。

クリッカートレーニングは、古典的条件付けのもう一つの例です。カチ!というクリック音は犬にとって最初はまったく意味のないものです。しかし、出来事A(カチリというクリック音)が出来事B(トリーツがもらえる)につながると連想できることで、犬は古典的連想で学習したわけです。

犬は別にトレーニングの最中でなくても、たくさんの連想で学習しています。そして、私たちは、それを日常のアクティビティ に、あるいは計画立てたトレーニングにおいて、その能力を活用しています。犬に何かの行動を覚えさせたい時、どこで古典的条件付けを使っているのかをちゃんと把握しておくとよいでしょう。トレーニングの問題が浮上してくるのは、たいていこの古典的条件付けで犬が覚えた部分によるものだからです。

71. 犬のオペラント条件付けは、まだ研究の余地があり？！

自分が自発的に引き起こした行動によって、ある結果が生み出された、その関連性を学ぶのが、オペラント条件付けによる学習です。犬のみならず、人間を含めた様々な動物がオペラント条件付で学ぶことができます。長い間、動物は皆同じような学習のメカニズムを持ち、それはどの動物に対しても当てはまると信じられていました。よって、オペラント条件付けの研究のための実験も、たいていはネズミやハトなど実験のしやすい動物に限られていました。同じような実験が犬に試みられたのは、あまり例がありません。そしてたとえ犬とオペラント条件付けについての研究があったとしても、特に犬の学習能力について調べたものはありませんでした。犬は、それまで実験の道具として使われていただけで、犬自体が研究の対象としてみなされたことはありませんでした。しかし、このところ犬への関心が増え、そして「ネズミと犬が果たして同じように学習すると信じていいものだろうか」と学識者の間で疑問視されるようになっています。今までネズミなどで得られた結果を、犬の学習メカニズムとしてどれだけ適用してよいものなのでしょうか。しかし、犬においてのオペラント条件付けによる学習の研究は、未だに多くの学者の興味を惹かないようなのですね。まだまだ研究の余地がある分野です。

オペラントという言葉は、操作を意味します。つまり動物が自分の行動によって、状況を操作するというニュアンスです。自分の行った行動によって引き起こされた結果（ネガティブであろうとポジティブであろうと）に、犬が何らかの強い感情を抱かないと学習は完了しません。たとえば嬉しかったとか、嫌だったという感情です。嬉しければ、またその行動は繰り返されるでしょう。そしてもしそれが嫌な結果につながれば、その行動の頻度というのは、どんどん減少していくでしょう。ただし犬の意識のレベルを「嬉しい」とか「嫌がっている」とはっきりと述べるのに、どれだけ科学的根拠があるのでしょうか。むずかしい問題です。しかし、オペラント条件付けを語る際は、犬の意識について喜怒哀楽の感情をこちらで勝手にラベル付けをすることに、あまり違和感はなさそうです。そして、大胆にも「これは犬の自主的な行動です！」とはっきり述べてしまうのですね。そこでは、犬が自ら意識してその行動を選択しているというふうに語ってします。……本当にそうなのでしょうか？　とても興味深い分野だと思いませんか。しかし、ここでは、それ以上深入りをするのはやめておきましょう！

72. 二つのタイプのオペラント条件付け

古典的条件付けと同様に、オペラント条件付けにも二つのモデルがあります。最初のモデルは、S-Rで成り立つもの。刺激（S）と反応（R）です。最初に刺激が提示され、ある反応が引き起こされるというメカニズムです。たとえば、投げられたボールを見た途端、犬は走り追いかけ咥えるという状況がそれです。もう一つのタイプは、S-R-US。犬は、自分がまだ行っていない行動の結果に対して予測をもっているということ（たとえば、投げられているボールを取ったら、きっとママは僕におやつをくれるだろう）。もし、この連想を犬がきちんと行っていれば、犬がボールを取るという行動は意図的に行われたと言えます。

そう考えると、犬の決断のすべてが意図を持って行われたのか、あるいは単なる刺激によって起こされた行動なのかを見分けることはできないということに気が付くでしょう。たとえ犬がオペラント条件付けで覚えたにしても、です。犬の意識や洞察力について語るのは、むしろ科学というよりも哲学の分野で語られるべきものなのかもしれません。学習理論に興味がある人にとっては、重要でかつ面白いトピックスでしょう。しかし、知ったところで、実際のトレーニングにはあまり役立たないかもしれませんね。

投げられたボールを取りに行くという行為は、意図的なのか、それとも単なる反射なのか？　犬以外、これを知る人は誰もいない。まだまだ研究の余地のある分野だ。

73. オペラント条件付けのメカニズム

もし愛犬がこんなふうに振舞わなかったら、そんな結末にはならなかったのにという行動は、日常にいくつもあります。たとえば、隣の家の犬に吠えなければ、吠え返されることもなかったのに、とか、もし犬がハンドラーに飛びつかなかったら、ハンドラーを怒らせることはなかったのに、など。このように、犬の起こす行動は必ずしもポジティブな結末に至るとは限りません。

よく、オペラント条件付けは、「犬に優しい方法」と考えらえています。あるいは、ご褒美だけに基づいたトレーニング方法としても見なされています。学習理論の点から見ると、これは間違った認識になります。実際、オペラント条件付けには、4つのタイプの学習パターンが存在します。そのうち二つでは、行動の強化（行動が繰り替えされること）が行われます。もう二つにおいては、行動の弱化（行動の頻度がだんだん落ちてくること）が起こります。

行動そのものが、その後の結果を左右するのではなく、むしろ特定の刺激（弁別刺激と言います）を与えられた時に行動することで、次の結果が現れると考えてみます。この意味を、以下のように説明します。

たとえば「フセ！」という言葉を「特定の刺激」として考えてみましょう。この言葉が出た時に、伏せをすると、その後おやつがもらえるというのがその結果です。しかし、「特定の刺激」すなわち「フセ！」という号令なしにも、犬は1日の中で何度も伏せを行っています。でも、「特定の刺激（号令）」がないわけですから、伏せを行っていても、その結果、別におやつがもらえるわけではありません。つまり行動そのものは、その後の結果を左右していないということがここで言えるわけです。

しかし実をいうと、どれが「特定の刺激（弁別刺激）」になっているか、多くの飼い主は気が付かないでいることが多いのではないでしょうか。たとえば、トレーナーは「できるだけ犬の気の散らないところでトレーニングをしてください」と言いますね。中にはこれを、同じ環境でトレーニングすると解釈をする人がいるようです。それで、毎回雑音のない家の中で「フセ」の練習を続けたりします。しかし、環境を変えてトレーニングをしたとたんに、犬は理解していたはずの「フセ」という合図をまるで聞いたことがないといわんばかりに何もしない！　…ということは、つまりこの犬にとって弁別刺激は、「フセ」という言葉だけではなかったと言えます。いつもトレーニングを受けていた環境そのものも、伏せという行動を見せるための弁別刺激の中に含まれていたのです。たとえば、台所でいつもトレーニングをしていたとしたら、台所の環境全体が「フセ」の合図になっていたと考えられます。すなわちこの犬にとって弁別刺激はいくつかの要素でなりたっていたということ。この現象を「隠蔽現象（オーバーシャドーイング）」と言います。

犬が何かを学習する時というのは、コマンドもその時に置かれていた環境をもセットで、弁別刺激として知覚されてしまいがちです。伏せというコマンドが毎回台所で出されていたら、台所という環境と伏せというコマンドがセットになって、「伏せをする行為 」が犬の頭の中で連想されていたと考えるとよいでしょう。このように、犬と人では知覚の仕方が異なります。犬にとって明らかなことは人間にはわからず、反対に人間にとって明らかなことが犬にはわからないということもあるのです。

トレーニングをしている中で犬の注意を喚起する刺激というのは、顕現性が強いものと、心理学の世界ではよく言います。要するに周りの環境にあるものとは一段異なった刺激が、犬の注意を喚起すると言ってもよいでしょう。はっきりとしたコントラストや強烈な刺激、そして素早い動き、これらが犬の注意をより一層惹くようです。

1

犬は必ずしも「オスワリ！」という言葉だけで座る行為を連想しているのではない。飼い主が見せるこのような仕草、そして家屋の景色など全体を含めて「座る」という行為を始めて連想している時もある。

2

家の中でやればすぐにお座りをするのに、いざ外に出して本当に座ってほしい時になかなか「オスワリ」を聞いてくれない…。犬が飼い主をバカにしているのではない。室内で覚えたお座りとはまったく環境が違うから、「オスワリ」という言葉だけでは、うまく連想ができないのだ。

3

さらにこんなふうに他の犬が横を通った時にお座りを命じられても、もう連想は限界！　犬の気の散らないところでのトレーニングが終わったら、その次に行うのは様々な環境でのトレーニング。徐々に気を散らすものを入れながら、「オスワリ」という言葉を一般化させることだ。

column 最近の学術研究より

犬が何を持って学習をしているのか。学習している環境すべてが、犬にとってのキュー(合図)になっているとしたら、トレーニングしている人間自身も何かしら犬に影響を与えているはずです。犬は人間の動作をよく読みますから、人間が何をしているかも学習をさせる上で非常に大事な要因です。さてここに、環境すべてひっくるめたものが犬にとって一つの合図(刺激)になってしまっていることを証明した、素晴らしい研究を二つ紹介しましょう。

研究その1※

※) Lisa Lit, Julie B. Schweitzer and Anita M. Oberbauer. 2011 Handler beliefs affect scent detection dog outcome. Anim Cogn. 2011 May;14(3):387-94. doi:

教会の４つの部屋で、麻薬探知犬や爆発物探知犬を使って実験が行われました。ハンドラーには嘘をつき、どの部屋にも麻薬も火薬も隠されていて、赤いテープは麻薬あるいは火薬が隠されているエリアだと伝えます。そして各部屋のどの場所で、どのくらいの頻度で告知されたかを記録しました。ここで知りたいのは、間違った告知は犬のせいなのか、ハンドラーのせいなのかということ。犬のせいであるかどうかを試すために、テニスボールとソーセージの誘惑が施されました。そして、ハンドラーによるものかどうかを試すために、赤いテープのマーカーをつけられたのです。

結果、赤いテープが貼られている部屋で、より間違った告知がされました。これが意味することは…？　そう、もしかして、犬はハンドラーのわずかなボディランゲージを読んで、それで判断しているのかもしれないということです。ちなみに実験に参加した犬たちとハンドラーは、アメリカで実際に探知犬として働いているチームの面々。いずれも腕は確かなのですが、ハンドラーの信念が赤いテープの誘惑によって、いとも簡単に犬に読まれてしまい、それが間違った探知に結びついてしまうことを示した面白い研究です。

部屋１．誘惑(テニスボールとソーセージ)が隠されており、かつその場所に赤いテープが貼られている。
部屋２．誘惑はなく、単に赤いテープが貼られている。
部屋３．誘惑が隠されているが、赤いテープはなし。
部屋４．誘惑もなければ赤いテープもなし。

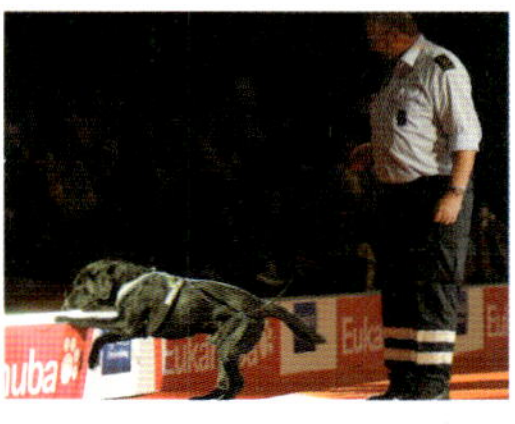

探知犬は、はたして本当に探知をしているのだろうか。それとも、環境(ハンドラーの表情を含めた)によって連想をしながら探知しているのか。実用犬だけに、犬の学習とパフォーマンスがどのように影響するかは、深刻な問題でもある。

研究その2※

※）I Gazit, A Goldblatt, J Terkel, 2005. The Role of context specificity in learning the effects of trainng context on explosives detection in dogs. Anim Cogn. 2005 Jul;8(3):143-50

次のイスラエルからの研究は、犬も環境によって固定観念をもってしまうという学習についてです。この実験にも、いずれもツワモノ揃いで、素晴らしくトレーニングを受けている現役の爆発物探知犬５頭のマリノアと２頭のラブラドール・レトリーバーが参加しました。最初の実験では、実験場にある道Ａと道Ｂにおいて、爆発物があるか探知させます。いずれの道も似ていますが、多少風景が異なります。道Ａには毎回必ず５つの爆発物が隠されています。ただし、道Ｂには爆発物はまったく隠されていません。ここで何回か探知作業をさせました。そして犬は、道Ｂには爆発物がないということをおそらく「学習」してしまったはずです。

次の実験２では、道Ｂのみで探知作業をさせます。ただし今回は４日間のうち１日だけこの道に爆発物を隠します。それも一箇所だけに。こんな頻度では、さすがに道Ｂにはほとんど爆発物がないじゃないかという慣れが犬にもでてくると思うのですね。いくらきちんと鼻を使っていても。その心境のところに、次の実験３を試させます。ここでは、道Ｂとより風景の似ている道Ｃで、爆発物は道Ｂと同じように４日に一度、それも一箇所に隠され作業が行われました。その結果、なんと道Ｂより道Ｃでの探知率の方が断然上でした。この実験が意味するのは、犬は道Ｂという環境を一つのセットにして学習してしまったということです。

さらに４つ目の実験があり、そこでは道Ｂですっかりモチベーションをなくした犬をリセットさせようと、12日間必ず爆発物を隠しておいて特訓！　しかし、犬は道Ｂにおいては、二度と他の道で見せたような探知率のよさを見せることはなかったのです。これは、いわゆる消去学習でもあります。道Ｂという環境全体がキュー（合図）となり、「ここには爆発物はありません」が学習され、探すというモチベーションが消えてしまったことを示しています。研究者は、「こんなにトレーニングの行き届いた爆発物探知犬ですら、状況依存学習をしてしまう」と結論をしています

「だって、ここ探したって、毎回ないじゃないか。どうせ今回もないに決まっている！」。同じ環境でいつも同じ結果を経験していると、たとえ現役で活躍している優秀な麻薬探知犬ですらミスを犯す。

74. オペラント条件付けによる4つのタイプ

オペラント条件付けは、正(ポジティブ)か負(ネガティブ)で方法論を分けています。ただし、ここで言うポジティブというのは、単に増えることを意味します。そしてネガティブというのは、消失することを示します。

正の強化

(ポジティブ・レインフォースメント
Positive Reinforcement)

『ある行動をしたら、好ましいことが増えた』。好ましく感じること、すなわち犬が好きなことは、根本的にすべて正の強化子になります。ある行動の頻度が増えるのは、その結果の良し悪しです。行動をした結果が刺激剤となり、さらに行動を頻繁に行うようになれば、その刺激剤が「強化子」と呼ばれるものです。強化では、行動が増えます。

例:

犬が吠えた(**行動**)→
だから私は犬におもちゃを投げてやった
(**結果であり強化子**)→犬は一層吠えるようになる
(**行動がもっと増える**)

私は残業をした→残業したら、収入が増えた→
もっと残業するようになった

愛犬が私の膝の上に頭を乗せて寝る→
その時に耳の後ろをなでた→犬はより頻繁に私の膝に頭を乗せて寝るようになった

庭の芝刈りをする→日焼けで肌が素敵な茶色になった→もっと私は芝刈りをするようになった

負の強化

(ネガティブ・レインフォースメント
Negative Reinforcement)

『ある行動をしたら、不愉快なことが消え去ってくれた。それが刺激剤(強化子)となり、さらにその行動を頻繁に行うようになる』。消え去るから、「負(ネガティブ)」という言葉を使います。

例:

犬がボールをちゃんと咥えている(**行動**)→
だから私は犬の耳をつねるのを止めた
**(犬にとって、不快な行動の消失。
これが結果であり強化子)**→
よって犬はさらにボールを口で長い間保持するようになった(**行動がもっと増える**)

私は残業をした→家に帰っても私が夕飯の支度をしなくてもよくなった→だからもっと残業をするようになった

犬が耳を後ろに引く→私は罪悪感を持ち、犬にガミガミいうのを止めた→
次の機会に私が犬にガミガミ言い出すと、さらに一層素早くこの犬は耳を後ろに引くようになった

庭の芝刈りをする→
私の母は「私が家の手伝いを何もしない」と文句を言うのを止めてくれた→だから、もっと私は芝刈りをするようになった

正の罰
(ポジティブ・パニッシュメント
Positive Punishment)

『何かの行動をすると、不快な結果を招き(あるいは不快な結果が加えられ)、そのためにその行動を控えるようになること』。「罰」においては、とった行動が控えられるようになります(行動が減る)。一方前述した「強化」においては、とった行動が増えるようになります。

例:
犬が隣家に向かって吠える(**行動**)→
隣家の主人が犬に怒鳴った
(これが結果。それも自分の起こした行動のためにイヤな結果が加えられた。だからポジティブと呼ばれる)→
犬は隣家に向かって吠えなくなった(**行動の消失**)

バスに追いつこうと走り出した→しかし急いだあまりに滑って転んで痛い思いをした→だから、あせってバスに走るのは今後やめた

犬がシカを追いかける→
しかし追いかけている時に電気柵にぶつかり痛い思いをした→
だから犬は以前ほどシカを追いかけなくなった

短パンをはきながら庭の芝刈りをした→
短パンのわきに芝刈り機から舞たった砂塵が入り痛い思いをした→
芝刈りをする時は短パンをはくのをやめた

負の罰
(ネガティブ・パニッシュメント
Negative Punishment)

『何か行動を起こした時に、楽しいと思っていたことが消失してしまった。そのためにその行動を控えるようになった』。

例:
私が「オイデ!」と言ったのに、犬は伏せをした
(伏せという行動)→
だから犬はおもちゃをもらうことができなかった
(伏せの行動によってほしいものが消失)→
よって犬は伏せをあまりしないようになった
(よって伏せという行動が減っていった)

私は残業をした→終電を逃した→
あまり遅くまで残業しないようになった

私が家に帰ると愛犬Aは飛びついてきた→
無視をして愛犬Bだけに挨拶をした→
愛犬Aは私に飛びつかなくなった

私は時速50kmの道路を80kmで運転した→
よって捕まり、免許書を失った→
制限時速以上で運転するのはもうやめた

75. オペラント条件付けで教える際の注意点

オペラント条件付けには、必ず一回は古典的条件付けによる学習が含まれます。もっとも一般的なのは、弁別刺激（合図や命令、コマンド）と報酬（ご褒美）です。しかし、時に、コマンドと報酬という古典的条件付けばかりで私たちはトレーニングをしがちです。そしてオペラントの部分で犬を学習させることを忘れてしまうこともあるでしょう。ご褒美を差し出せば、犬がこちらにやってくるのはごく自然なことですからね。オペラント条件付けで、犬にお座りを教える時、座るという行動とご褒美の連想付けを犬に理解してもらうのはむずかしくないでしょう。犬はほとんど同時に「スワレ」という合図も覚えます。ただし、犬が自らハンドラーの側を離れるという行動を教える時（前へ進め！など）、実際やってみるとこれがなかなかむずかしいことがわかります。犬にとっては、離れるよりもハンドラーに近づく方がはるかに自然です。この場合、誘いとしてトリーツなどを数メートル先に置いて（外部報酬と呼びます）、犬が自分から離れるトレーニングをするとよいでしょう。

もう一つ大事なのは、コマンドを早く入れすぎないこと。完全に動作が身につくまでコマンドを入れない方が、犬はよりモチベーションを高め、いざコマンドを入れた際も迅速にパフォーマンスをしてくれます。コマンドを早く入れすぎると、そのコマンドとトリーツが連想できるように何度も繰り返しトレーニングをしなければいけない羽目になります。

練習を何度もしていれば、そのうちコマンドとご褒美の連結がより犬にはっきりしてくるでしょう。すると、最初は犬が自ら示してくれた行動ですが、そのうち勝手にそれを見せることもなくなり、コマンドがでたらパフォーマンスというように学んでいきます。

また、何をご褒美としてあげるかによって、私たちが望んでもない行動まで覚えてしまうこともあります。たとえば、おやつによってある行動を教えている場合、食べたい、お腹がすいた、ちょうだいという感情に連結した行動、たとえば口の周りをペロリと舐めるとか、ピーピー泣き始めるとか、前脚でちょうだいをするとか、そんな行動をもうっかり同時に強化してしまうかもしれません。したがって、ご褒美を与えるタイミングには気をつけた方がよいと言えます。

1 自分から離れるという技は、多くのドッグスポーツに存在する。自分のところに来るのではなく、犬の自発行為を待って、この技を教えるのはとてもむずかしい。写真はレトリーバー・スポーツより。

2 たとえ犬が望み通りの行動をとっても、おやつを与えるタイミングも考慮しよう。そうでないと、実はおやつがほしい！という行動を強化している可能性もある。

76. 理想のトレーニング哲学と、私たちのトレーニングの実際

オペラント条件付けの４つのタイプを示しましたが、犬のトレーニングをしていれば、意図をしていようがいまいが、このどれをも使って私たちは犬を学習させているものです。ただし、トレーナーの信条としては、このトレーニング哲学を使う！とメソッドを一貫させていなくてはなりませんね。一貫させていれば、犬はより早く物事を飲み込んでくれるようになります。

どのトレーニング哲学を使うかに関して、私たちはいとも簡単に「ご褒美をベースにした、褒めながら学習させるトレーニング方法が一番効果的で、そして犬にとっても楽しい」と信じ、それを貫こうとします。しかし、人間なので、時にイライラしたり困惑したり、様々な理由で自分のモットーとするトレーニング哲学を忘れて、罰を伴うトレーニング方法で犬を学習させてしまうこともあります（たとえば、褒めながら訓練をする方法を貫いていますと言いながら、罰をも伴うトレーニングを時にしてしまう）。

私は時にこれは許されると思うのです。ただし、罰を元にするトレーニング方法をベースにして行うのが良いか悪いかというのは、また別の話になるでしょう。

ご褒美をベースにしないトレーニングの反対にあたるのがご褒美を与えないでトレーニングする方法でしょう。そして罰を与える方法の反対にあたるのが、罰をまったく与えないトレーニングです。学習理論の観点で考える時、私たちはご褒美を使うことである行動を強化させようとし、そして「この行動は好ましくない」というものに対しては負の罰の法則を使います。これが犬に対して一番公平なトレーニング方法であると同時に、今まで過去の例をみても、やはり一番効果的な方法であるには間違いありません。そして、学問的にも正の強化、負の罰が、効果的な犬のトレーニング方法であるということが多く証明されています。

負の罰

1

Eさんは、ミロが遊びに興奮し始めるとあまりにも強く引っ張るので、腰を痛めそうだった。だから、ミロが激しく引っ張り始めると…。

2

Eさんは直ちにおもちゃを隠した。

3

そして遊びを完全に停止した。がっかりした感じのミロ。

4

これを何回か繰り返したのち、ミロは因果関係を理解した。「強く引っ張りすぎると遊びを止められてしまうんだ！」それからというもの、ミロは激しく引っ張るのをやめて、少し力加減をしながら遊びをするようになった。Eさんは腰を痛める心配がなくなった。

正の強化

5

ミロは優しく引っ張りっこ遊びをし始めるようになったので、以前より一層長い間遊びを続けることができるようになった。それを理解したミロは、Eさんがどんなポジションをとっても、激しい奪い合いをやめて、もっと協調的にゆったりと遊ぶようになった。

77. 学習に扶助を使うのはインチキ？

犬を学習させる際、私たちが望む行動ができるだけ早く犬に現れてくるよう、時々誘導や扶助を与えることがあります。この効果性について、トレーナー間での意見は様々です。根本的には、できるならこちらの扶助なしに犬に自分で発見をしてもらって学習してもらうのが一番効果的でしょう。だからといって、絶対に扶助を使ってはいけないわけでもないと思うのです。お座りを例にしましょう。オペラント条件付けの「ポジティブトレーニング」では、犬が自主的に座ったところでクリッカーを鳴らし、それが正しい動作だと知らせることで、犬はお座りを学びます。ところが、なかなか犬が座ってくれない場合、犬が座るよう動作を導いてあげることがあります。これではオペラントではありませんよね？

しかし、犬のおしりを軽く押す程度のマイナーな扶助であれば、今後も犬は「自分で状況をコントロールして何かを学ぶ」という態度を持ち続けてくれると思うのです。そして、何よりも私たちトレーナーにとっては、時間の節約にもなります。多くのトレーナーは「あまり扶助に頼っていると、犬の自主性がなくなり怠け者になる」と意見するものです。でも、ケースバイケース。要はバランスの問題です。犬のフラストレーション・レベルやそれ故の弊害、行動の現れなど、状況を読みながら扶助の程度を調節するのが一番よいのではないでしょうか。

1 オペラント条件付けで、犬が写真手前のテーブルに上がるという行動を学習してもらう。Jさんは、スニッフィーがテーブルの近くに寄るという行為を待ってクリッカーを鳴らそうとしているところ。

2「え～ん、どうしたらいいかわからないよう！」と、スニッフィー。Jさんの意図が理解できず、フラストレーションを貯めてピョンピョン飛び跳ね始めた。

3 そこでJさんは、完全に犬の自主性に頼らず、扶助を与えた。ほら、ここに登りなさいよ、と手で示した。

4「そうそう、その行為がほしかったの！」と、Jさんはすかさずクリッカーを鳴らした。その後、スニッフィーは何のとまどいもなく、そして手の扶助なしに、テーブルにぴょんと登るという行為を自発的に見せてくれるようになった。

78. 連想(「ベルの音＝トリーツ」)だけが学習じゃない！社会的学習(ソーシャル・ラーニング)もある

集団あるいはパックや家族で生きるということには、多くのメリットがあります。たとえば、食べ物を探す時やテリトリーを守る時など、群れのメンバーが助け合い協力して行えばより効率的です。パック（群れ）というのは、すなわち協力者の集まりと捉えることもできます。もちろんパックで生きるというのはメリットだけではなく、デメリットもあります。いったん病気が蔓延するとうつされやすいことや、あるいは群れ内での競合も存在します。群れで生きる動物たちの多くは、たとえ状況が厳しくなっても、その群れ内でとてもハーモニックに過ごしています。ただし、囲いなどで限られた空間内に閉じ込められ、群れ生活を強いられると（動物園で生きるオオカミや囲いで飼われている鶏など）、群れ内での攻撃性が増加してきます。この状況は、動物が本来生きている環境ではありませんね。

群れでの生活のメリットの一つは、未経験の若い個体たちが経験のある群れのメンバーの行動を観察したり模倣をしていろいろ学んで、生存の確率を高められることです。このタイプの学習を「社会的学習」と言います。野生の世界には、動物がお互いから学ぶ例がたくさんあります。たとえば鳥はさえずり方において、地方ごとに方言をもっています。一部のニホンザルには、芋を洗うという独特の文化があります。いずれも、そのグループ内でお互いが見たり聞いたりの観察の中から学んだものです。このように、グループ内である特別なスキルが世代を通して継承されることが、多くのフィールドワーク研究から明らかにされています。社会的学習がいかに個体の「生き残り」に大きく貢献しているというのは、理解しがたくはないでしょう。

1　おや、君、何を臭っているんだい。きっと面白いものなのかも！僕も真似をしよう！

2　1頭が興味のあるニオイを嗅いでいると、もういっぴきの犬も、好奇心を旺盛にやってきた！犬は他犬のやっていることを観察して学ぶことができる動物だ。これは注意喚起の社会的学習。

79. 3つのタイプの社会的学習

社会的学習にはどのようなタイプがあるのか見ていきましょう。

社会的促進

みんながやるから、私もやろう！というタイプの学習。他の犬が食べているのを見て、自分も食べてみる、数頭走り始めたら、皆がそれに倣って走り始めた、あるいは同じ方向に動く、など。

注意喚起

誰かが向こうを見たから、自分も見てみるというタイプの学習。犬であれば、1頭が地面のあるスポットのニオイを嗅ぎ始めると、他の犬もそこを嗅ぎ始める。

真模倣

誰かが何か新しいことを行っているのを観察することで、その誰かが存在していないところでも、自分で実際にやってみること。

動物が模倣で学習をするというのは、たいてい最初の二つを意味するでしょう。3つ目の真模倣というのは、より洗練された行動であり、主に人間あるいは程度の差はあれ類人猿に見られる学習パターンです。そのものを模倣するというのは、人間の世界ではあまりにも当たり前になっているが故に、時に私たちは他の動物も同じことをしているのだろうと勝手に決め付けていることがあります。ただし、多くの動物が前述の最初の二つのタイプの社会的学習の能力を持っています。犬のトレーニングを考える時も、真模倣による社会的学習は考えないでもよいでしょう。確かに模倣させるタイプのドッグトレーニングは存在してはいるのですが。

比較での実験で、犬とおよそ2歳児の模倣力についての研究がされたことがありました。それによると、状況次第では犬も模倣をすることで学ぶということが結論付けられました。この能力は、2歳児とほぼ同じということでした。状況によって選択的に真似をして学習することを「選択的模倣」と呼んでいます(※)。実は社会的促進による学習法は、トレーニングの中で私たちも知らずと犬に対して行っています。たとえば、私たちが歩き始めると犬もいっしょに歩き始めます。

作業犬のトレーニングの時も、先輩犬の仕事を見せて興味を沸かせ、学ばせることがある。イタリアでトリュフ探しを探しのトレーニングをしているところ。手前の犬がキノコを探知したことに、後ろ側の白い犬はとても興味深そうに観察をしている。

私たちが走れば、やっぱりいっしょに走る。そして、何かの目的に向かって歩きはじめると、犬はより私たちに寄り添って歩き始めます。つまり、いちいちトレーニングと改まらなくても、私たちは「体」を使って犬に同じことをするようにと教えているのです。そしてそれができたら、ご褒美を与えているものです。

注意喚起も、トレーニングでよく使っているでしょう。回収の時に、回収物のある方向をハンドラーが向いていれば、自ずと犬も同じ方向を見つめています。トラッキングを教える時なども、ここのニオイを嗅げばいいのだよと、人間が嗅いでいる振りをすれば、犬もいっしょになってその場所を嗅ごうとします。犬は、私たちがやっていることに対して、とても興味を抱きます。だから、社会的促進や注意喚起を使いながら、社会的学習が成り立つのですね。この方法によって、犬から、やってほしい行動を抽出し、そしてそれに対してご褒美を与えます。

犬の社会的学習の能力についての研究は、この数年から始まりました。犬を、オオカミやチンパンジーと比べ、人間のボディランゲージを読む能力の比較研究も行われています。興味深いのは、犬はオオカミやチンパンジーよりも、人を読むのがうまいという結果がでているのですね。これは、どうやら生まれ持った能力であり、人間との関わり合いの中で学習した結果得たものではない、ということです。

※) Range, F, Viranyi, Z, Huber, L. 2007.
Selective Imitation in Domestic Dogs.
Current Biology 17, 868–872

80. 消去学習

お座りをすることでいつもトリーツをもらっていたのに、ある時、飼い主がまったくトリーツを与えなくなったとします。これによって、犬は座るモチベーションを失い、座るという行動を見せなくなります。この現象を「消去」と呼び、これも学習の種類の一つにあたります。ある行動をしても報酬がないとわかると、犬は「え、どうしたの！？」と言わんばかりのフラストレーションに陥り、その行動を逆にやたらと見せ始めます。「えい、これでもか！これでもか！　僕、ちゃんとこの行動やっているよ！　ねぇねぇ、見て！見て！」。こうして最後にやたらと強化されていた行動がでてくる現象を「消去バースト」と呼びます。さらに、ご褒美をまったく出さないままにしていれば、最終的には「オスワリ！」と言っても、犬は合図に応えなくなります。

ここで大事なのは、「消去」とは行動を忘れた（忘却）ということではありません。消去というのは以前に覚えた連想を応用しなくなったにすぎません。消去学習に伴う現象で「自然回復」があります。これは、犬が消去学習の中で消去した行動に、また戻るという意味です。トレーニングで休憩した後、あるいは消去学習をしたすぐ後に起こります。つまり、一度教えた連想をまだ覚えているということです。しかし、学習を続けていると、次第にこの連想は消えていきます。もしある行動の頻度を減らしたいのであれば、たいていの場合、消去学習法の方が正の罰よりも効果があると言われています。それに、防衛心や恐怖感など不快なことをされた時に伴うネガティブな感情による影響は、消去学習法ではそれほどインパクトがありません。つまり、飼い主と犬との関係も、罰をともなった際の学習よりも、それほどマイナスに影響することがないというわけです。

81. 部分強化消去効果 PREE

行動を無くしたり、連想をやめさせるというのは、必ずしも毎回成功するとは限りません。特に、その種に特有な行動というものがあれば、それを除去するのは、たとえ強化を取り除いたところで、並み大抵ではないでしょう（例：リスや猫を追いかけようとする犬）。種特有の行動であるという他に、それがたまたま問題行動だとして、その行動が今までどういう強化の頻度で身についてしまったのかによっても、消去の難度は変わってきます。

ランダムに強化されてしまった行動ほど、消去がむずかしくなると言います。この現象はPREE（Parial Reinforcement Extinction Effect、部分強化消去効果）と呼ばれています。このよい例がギャンブルでしょう。もし、クジを買うたびに当てていたら興味深いことですが、たまに買って当たるよりも、買うという行為を止めやすくなります。くじがたまに当たる、またそういうふうに作られているというのは、もしかして偶然ではないのかもしれません。ギャンブルに夢中になると、「いつかは当たる」という期待の中で生きようとします。しかも、それを非常に長々と続けてしまうものです。

行動をランダムに強化していくというのは、その行動を長続きさせるには一番効果的な方法です。たとえば、テーブルの下で根気よく食べ物のかけらが落ちてくるのを待っている犬を想像してみてください。犬はたまたまいいニオイがするからテーブルの下に陣取っていたはずですが、突然なんの合図もなく食べ物が落ちてくることがある。たとえ、それが滅多に起こらなくとも、それでもテーブルの下で待っている犬の根気は、まさにあっぱれですね。これは、通常のドッグトレーナーが犬のトレーニングにも取り入れている概念です。毎回ご褒美を与えるよりも、ランダムにその行動を強化していくほうが、パフォーマンスがしっかり身についてくれるのです。

イェシカ・オーベリー
Jessica Åberg

1972年生まれ。イェーテボリ、スウェーデン出身。スカンディナビア・ワーキングドッグ研究所所属、共同経営者、および講師、トレーナー。スウェーデン農業大学及びスウェーデン環境省の元で行われているスカンディナヴィアン・ヒグマ・プロジェクトにおいて、ヒグマ追跡犬のハンドラーおよび犬のコーチングを担当。日本では1型糖尿病低血糖アラート犬のトレーニング育成に協力。ノーズワーク・オンラインセミナー講師。ドッグ・トレーニング23年のキャリアを持つ。ワーキングドッグ・クラブではトラッキング、オビディエンス、サーチなど様々なドッグスポーツの競技会に出場し、優勝した実績を持つ。

Staff

藤田りか子（翻訳・編集・写真）
Eiji Shimoi / Hotart (Designer)
Eriy (Illustrator)

見落としがちな「犬との遊び」は最大のトレーニング法だった！

「犬と遊ぶ」レッスンテクニック

2015年　8月30日　発　行　　NDC645.6
2021年 10月10日　第4刷

著　　者　イェシカ・オーベリー
発 行 者　小川雄一
発 行 所　株式会社 誠文堂新光社
〒113-0033　東京都文京区本郷3-3-11
（編集）電話03-5800-3621
（販売）電話03-5800-5780
https://www.seibundo-shinkosha.net/
印刷・製本　図書印刷 株式会社

ISBN978-4-416-71593-2